乡村振兴之
农民素质教育提升系列丛书

U0271922

玉米栽培技术与病虫害防治图谱

◎ 徐钦军　刘会平　主编

中国农业科学技术出版社

图书在版编目（CIP）数据

玉米栽培技术与病虫害防治图谱 / 徐钦军，刘会平主编 . —北京：中国农业科学技术出版社，2019.7（2025.5 重印）

乡村振兴之农民素质教育提升系列丛书

ISBN 978-7-5116-4110-6

Ⅰ.①玉… Ⅱ.①徐… ②刘… Ⅲ.①玉米—栽培技术 ②玉米—病虫害防治—图谱 Ⅳ.①S513 ②S435.13-64

中国版本图书馆 CIP 数据核字（2019）第 058172 号

责任编辑	徐　毅
责任校对	马广洋

出 版 者	中国农业科学技术出版社
	北京市中关村南大街12号　　邮编：100081
电　　话	（010）82106631（编辑室）　（010）82109702（发行部）
	（010）82109709（读者服务部）
传　　真	（010）82106631
网　　址	http://www.castp.cn
经 销 者	全国各地新华书店
印 刷 者	北京中科印刷有限公司
开　　本	880mm×1 230mm　1/32
印　　张	3.625
字　　数	115千字
版　　次	2019年7月第1版　2025年5月第5次印刷
定　　价	30.00元

《玉米栽培技术与病虫害防治图谱》

········· 编委会 ·········

主　编　徐钦军　刘会平

副主编　徐爱华　范以东

　　　　谷纪良

编　委　周岳东　范新利

　　　　马　霞　孙德发

我国农作物病虫害种类多而复杂。随着全球气候变暖、耕作制度变化、农产品贸易频繁等多种因素的影响，我国农作物病虫害此起彼伏，新的病虫不断传入，田间为害损失逐年加重。许多重大病虫害一旦暴发，不仅对农业生产带来极大损失，而且对食品安全、人身健康、生态环境、产品贸易、经济发展乃至公共安全都有重大影响。因此，增强农业有害生物防控能力并科学有效地控制其发生和为害成为当前非常急迫的工作。

由于病虫防控技术要求高，时效性强，加之目前我国从事农业生产的劳动者，多数不具备病虫害识别能力，因混淆病虫害而错用或误用农药造成防效欠佳、残留超标、污染加重的情况时有发生，迫切需要一部通俗易懂、图文并茂的专业图书，来指导农民科学防控病虫害。鉴于此，我们组织全国各地经验丰富的培训教师编写了一套病虫害防治图谱。

本书为《玉米栽培技术与病虫害防治图谱》，主要包括玉米栽培技术、玉米病害防治、玉米虫害防治等内容。首先，从播前准备、适时播种、田间管理、收获与贮藏等方面对玉米栽培技术进行了简单介绍；接着精选了对玉米产量和品质影响较大的14种病害和12种虫害，以彩色照片配合文字辅助说明的方式从病害（为害）特征、发生规律和防治方法等进行讲解。

　　本书通俗易懂、图文并茂、科学实用，适合各级农业技术人员和广大农民阅读，也可作为植保科研、教学工作者的参考用书。需要说明的是，书中病虫草害的农药使用量及浓度，可能会因为玉米的生长区域、品种特点及栽培方式的不同而有一定的区别。在实际使用中，建议以所购买产品的使用说明书为标准。

　　由于时间仓促，水平有限，书中存在的不足之处，欢迎指正，以便及时修订。

编　者
2019年2月

CONTENTS 目 录

第一章
玉米栽培技术

一、播前准备

（一）选择玉米品种与处理

1.选择品种

结合当地自然气候条件，选择熟期适宜、抗逆、抗病性强、适应性广、品质优良、增产潜力大的杂交玉米品种（图1-1）。如先玉335、登海6702、垦玉90、伟科966、豫禾988、廉玉1号、齐单1号、鲁单6076、浚单29等都是人们比较认可的优良玉米品种。

2.处理种子

（1）晒种。播前选择晴天晒种2～3天（图1-2），可以促进种子吸水，利用阳光紫外线杀死种皮表面病菌，减轻种传病害如丝黑穗病等，改善种皮的通气性，促进酶活性，促进种子发芽（提高发芽率和发芽势）。晒种后，出苗率可提高13%～28%，提早1～2天出苗。

（a）廉玉1号

（b）浚单29

图1-1　玉米品种

（2）浸种。浸种（图1-3）能增强种子的新陈代谢，提高发芽率，提早出苗。浸种一般用冷水浸泡10～24小时或者两烫一冷（55℃）浸泡6～7小时。

图1-2　晒种

图1-3　浸种

（3）拌种。如果有灌溉条件的地方，可以用40%的乐果500g对水3kg拌种100kg，可以减少雀害、地下害虫和病菌的为害。

（二）土地整理

玉米播前整地宜本着细碎、平整、保墒、高效的原则，适时进行整地作业，为播种保苗做好准备。

为了增加土壤有机质和培肥土壤，提高蓄水保墒性及提高养分的有效性，多采用麦秸还田（图1-4）。麦秸还田要求秸秆要粉打细碎，一般3～5cm为宜，田间覆盖均匀，薄厚一致，这样有利于玉米出苗，地面保墒。

部分田块需要翻耕，宜采用浅旋耕，耕深15～20cm，耕后耙平地层表面（图1-5），有利于实现播种深浅一致。易实现出苗整齐一致，有利于协调水、肥、气、热，从而促使幼苗健壮生长。实践证明浅耕比深耕能明显提高耕层地温，土壤踏实，提早出苗1～2天，苗期早发。

图1-4　麦秸还田

图1-5　耙地

对地下水位较高，容易积水的地块，要及早采取有效措施，采用高垄栽培、台田栽培、修筑堰沟等技术措施，以防中后期因暴雨等天气、气候原因出现涝灾危害。一旦出现田间积水，要及时排水，一般不超过24小时，否则，会形成涝灾，若超过48小时，严重影响产量，超过72小时，导致玉米植株缺氧死亡。

二、适时播种

1. 播种时期

玉米根据种植时间的不同分春玉米和秋玉米，春玉米4月下旬5月上旬播种，8月下旬可收获。秋玉米最迟不能迟于7月中旬播种，10月中下旬收获。

2. 播种方法

春玉米种植方式有垄作和平作。东北多用垄作，华北多用平作以利于保墒。播种方法主要有条播和点播两种。套种玉米多用点播；机播玉米多用条播，功效高，适用于大面积种植（图1-6）。播种时要做到"深浅一致、覆土一致、镇压一致、行距一致"，播种机作业速度要控制在4km/小时以内，防止漏播或重播。

图1-6　玉米播种

3.播种深度

播种深度因土壤质地、土壤水分、品种特性而异。

（1）当土壤黏重、水分充足，种子拱土能力较弱时应浅些，但不能浅于2.5cm。

（2）土质疏松、水分较少，种子拱土能力强时，可适当深些，最深不超过6cm。

据测定，3~5cm的播深对玉米出苗最有利，且保苗率高，出苗早。

4.合理密植

合理密植（图1-7）就是充分利用光、温、水、肥、气等资源，协调好玉米单株和群体之间的矛盾，在群体达到最多的情况下，保证个体健康的生长发育，从而达到优质、高产的目的。玉米不能发生分蘖成穗，自我调节能力较差，合理的密植就更为重要。合理密植应遵循下列原则。

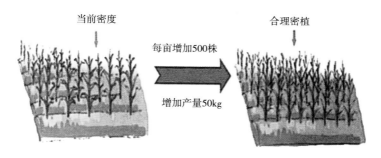

当前密度　　　　　　　　　　合理密植

每亩增加500株

增加产量50kg

图1-7 合理密植

（1）根据品种特性确定适宜密度

一般株型紧凑，叶数较少，早熟的品种可适当大一些，反之，则要小一些。一般紧凑型品种密度在5 000~6 000株/667m²，半紧凑型品种密度在3 500~4 000/667m²，平展型品种密度在3 000

株/667m²左右。

（2）根据土壤肥力及栽培水平确定适宜密度

土壤肥力条件好，栽培水平高的情况下要高一些，反之，则要低一些。高产超高产攻关田一般密度在4 500～6 500株/667m²；高产田块一般密度在4 000～5 000株/667m²；中产田块一般密度在3 500～4 000株/667m²；低产田块一般密度在2 500～3 500株/667m²。

（3）根据种植方式确定适宜密度

若采用等行距种植密度要小一点，若采用宽窄行（宽行80～90cm，窄行50～60cm），则密度可以要大一些。

三、田间管理

（一）苗期的管理

玉米从出苗到拔节这一阶段称为苗期。一般为25～40天。

苗期的生长特点为：以促根壮苗为中心，同时分化和生长茎叶。田间管理目标是采用促控措施，促进根系生长，控制茎叶徒长，培育壮苗为核心。玉米苗期适当控制水分可以促进根系发育，蹲实幼苗，降低植株高度，增强抗倒伏能力。如果，夏玉米苗期遇上雨季，土壤过湿，通气不良，则会影响根系生长和养分吸收，使幼苗叶片发黄，叶鞘紫色，根系发育不良，形成芽涝现象。因此，苗期要注意排水。对于高产超高产或一季吨粮田，要打好丰产架子，采用一促到底，玉米苗期一般不蹲苗。苗期的具体管理如下。

1. 助苗出土

播种后，如果土壤温、湿度适宜种子就能正常发芽。但是如果天气干旱，黏壤土壤就会板结，出苗就会受阻。因此，可以根据实际情况，确定是否适当锄土，破土防旱，防止板结，助苗出土。

2. 查苗补缺，确保全苗

播种时，最好要适当多播5%～10%的种子作为预备苗，出苗后及时查看，如果缺苗不很严重（10%左右时），可以在间、定苗时留双苗予以弥补，如果缺苗严重应及时补种或在2～4叶时，带土移栽（图1-8）。囤苗补栽。

3. 间苗、定苗

在3～4叶时要及时间苗，间苗就是间密留稀、间弱留强。在5～6叶时及时定苗，尽可能留匀、留壮。生产上为了简化操作程序，降低生产成本，一般采取5～6片可见叶时一次完成间苗和定苗（图1-9）。研究发现，适期间、定苗有利于实现苗齐、苗全、苗匀和苗壮，提高群体穗粒数和百粒重10%以上，每亩①节省玉米苗期防治病虫害用药及缺苗补种用种费用15～20元。

图1-8　补苗

图1-9　间苗、定苗

---

①　1亩≈667m²，15亩=1公顷。全书同

4. 及时中耕

苗期要及时中耕，一是能提高土温，减少水分散失；二是中耕松土，能改善土壤的通透性；三是中耕可以除草，减少田间杂草基数。

5. 水肥管理和蹲苗

苗期只能满足全生育期需水量的18%及全生育期需肥量的10%，总之基肥要施足，苗肥要少施，水少浇，出苗后适时浅中耕。注意蹲苗，要勤锄、深耕、轻施、偏施，控水、控肥。

6. 虫害防治

苗期的为害以地老虎为主，地老虎可以用敌百虫、辛留磷等。

（二）穗期的管理

穗期一般指拔节至抽雄期，该期生长旺盛，营养生长和生殖生长并进，穗分化前以茎叶为生长中心，穗分化后转向雄穗和雌穗为生长中心。田间管理目标以促根、促叶、促穗、控秆，达到根系发达，气生根多，基部节间粗短，叶色深绿，茎秆挺拔健壮。

1. 中耕培土

进入拔节后，植株生长速度加快，天气转热，田间蒸发、叶面蒸腾加快，土壤容易干旱，保持田间最大持水量的70%～80%有利于植株生长发育，同时，需要轻施拔节肥和重施攻穗肥，主攻大穗和棒三叶，控制茎秆伸长，防止徒长。结合施肥进行中耕培土，提高抗倒伏能力，有利于浇水灌溉、防涝排水。

2. 重施攻穗肥，加强肥水管理

穗期是玉米田间管理的关键时期，对决定果穗大小、子粒多少极为重要，也是需肥量最多最大的时期，此时期肥水充足，植株、果穗发育良好，易形成大穗，否则就会影响或严重影响果穗生长发育，导致减产（图1-10）。该期是玉米对水肥最为敏感的时期，被称为玉米的水肥临界期。

图1-10　穗期浇水

3. 虫害防治

拔节孕穗期的主要害虫为玉米螟、棉铃虫。可用3%呋喃丹颗粒剂，撒入心叶，在小喇叭口期和大喇叭口期，连续防治2次。

4. 化控防倒伏

穗期也是喷施化控（化学除草控制）药剂，降低植株高度，促进茎秆粗壮和果穗发育，促进根系生长，增强抗倒伏能力。

（三）花粒期管理

花粒期是指雄穗抽出——成熟这一阶段，以籽粒建成为中心的生殖生长阶段。抽雄期单株叶面积达到最大值，标志着营养生长基本结束，此期田间管理的主攻目标是防止根叶早衰，保根保叶，延长绿色叶片的功能期，尤其是以棒三叶以上的叶片（穗叶组和粒叶组）的功能期。

1. 补施攻粒肥

该期是提高或增加总结实粒数和千粒重关键时期，要高产，应及时补施攻粒肥，一般在吐丝期追施氮肥10kg，占总施肥量的10%左右，或者叶面喷施磷酸二氢钾+3%～5%尿素稀释液每公顷1 500kg。

2. 去雄与去无效果穗

去雄（图1-11）的时间在抽雄散粉前，最好在用手能摸到雄穗但雄穗又没有抽出顶部叶片时，对个别品种或单株雌穗多发性较强，及时除去多余的雌穗，一般只保留2个果穗就可以了，主要是为了减少营养和水肥的消耗，减轻玉米螟虫和蚜虫的为害。去雄去无效果穗都要选择晴天的10：00—15：00进行，能有效减少病

图1-11　玉米去雄

菌感染。一般采用隔行或者是隔株去雄，去弱留强，一般不宜超过总数的1/2，去雄一般可以增产7%～10%。

3. 人工辅助授粉

人工辅助授粉（图1-12）主要是增加授粉的机会，提高结实率，一般能增产8%～10%。方法主要是在盛花期，晴天的9：00—11：00，隔天1次，共2～3次。

图1-12　人工辅助授粉

四、收获与贮藏

1. 收获

玉米收获时期的特征为：茎叶变黄，苞叶干枯，籽粒尖冠处出现黑色层，乳线消失，籽粒变硬、无浆，具有本品种的颜色和光泽（图1-13）。如果收迟会出现鼠害、雀害增加，发霉的增多。收早则籽粒不饱满，含水量高，产量低。如果确实有客观原因必须早收，也可以通过带全株或者地上部分或者棒三叶以上的部分堆放一周，都可以适当的减少损失。

图1-13　机械收获玉米

2. 晾晒贮藏

（1）穗藏法。在我国北方一般多采用穗藏法，就是不用脱粒，整穗贮藏存放，玉米贮藏方法主要有2种：一是堆藏（图1-14）。堆藏在我国北方用得较多。堆藏是将去掉苞叶的玉米整穗放入能够通风的仓库或者粮仓，等卖时或者第二年再脱粒。二是挂藏（图1-15）。首先将玉米的苞叶撕开，然后编织成辫状，用绳子或者铁丝连接悬挂起来，长度根据场地具体情况确定，保持良好的通风条件，并避免被雨水淋到。

（2）粒藏法。在我国温度、湿度高的地区多采用粒藏法。如果考虑到仓容量、保管、运输费用则以粒藏为主。将玉米脱粒，放进编织袋，在屋内堆放，保持空隙，以利于通风，玉米籽粒贮藏前，应晒干，使其含水量不超13%，温度要低于30℃。玉米入库前后要做好防虫、鼠、霉变等的防范处理工作；经常性的检查湿度和温度，若有受潮发热的现象，要及时翻仓晾晒；粒藏堆高一般在3m左右，并保持有间隙可通风；如果玉米粒水分含量在16%以上，堆高应该控制在1～1.5m，保持通风，保藏时间不能超过6个月。

图1-14　堆藏

图1-15　挂藏

3. 玉米秸秆还田

（1）及时粉碎。玉米穗收获时或收回秸秆要及时粉碎，粉碎长度不宜超过10cm，避免秸秆过长造成土壤不实。

（2）增施氮肥。土壤微生物在分解作物秸秆时需要一定的氮素，从而出现与作物幼苗争夺土壤中速效氮素的问题。应适量增施氮肥，以加快秸秆腐烂，使其尽快转化有效养分。

（3）及时翻耕。玉米秸秆粉碎还田后，要立即旋耕或耙地灭茬，并要进行深耕，耕深要求20～25cm，通过耕翻、压盖，消除因秸秆还田造成的土壤孔隙过大的问题。

（4）足墒还田。土壤的水分状况成为决定秸秆腐烂分解速度的重要因素，有条件的要及时灌溉。

（5）防治病虫害。及时防治各种病虫害，对玉米钻心虫、黑穗病发生严重的地块，不要进行秸秆还田。有病的秸秆应烧毁或高温堆腐后再还田。

五、玉米种植新技术

1. 玉米起垄覆膜侧播种植技术

玉米起垄覆膜侧播种植技术就是通过先起垄，垄上覆膜，在膜侧种植玉米的方式（图1-16）。这项技术的核心内容为"蓄水、保墒、调温"，表现出显著的集雨保墒效果，避免了玉米"卡脖旱"的问题。同时，该技术通过提高地温，促进根系发育，后期抗倒伏效果显著。

图1-16　起垄覆膜侧播种植的玉米

（1）抓全苗。覆膜种植须做到地面没有杂草和根茬，表土细碎松软，行距适中；可比露地适时足墒早播，等距穴播，浅播薄盖，种肥错开。

（2）施足肥料。地膜覆盖给追施肥料造成困难，所以，要施足底肥，增施有机肥，满足植株一生对养分的最大需求。

（3）选择种子。选择国家或省品种审定委员会审定的适宜本区种植的具有耐密、抗倒、抗病、优质高产特性的中晚熟玉米品种。

（4）起垄覆膜播种。采用起垄覆膜播种一体机播种，垄底宽70cm，垄高10～15cm，垄距40cm，垄上覆80cm宽、厚0.008mm可降解薄膜（降解天数125～130天）。贴膜两侧各播一行玉米（图1-17）。单株播种，株距24cm；双株播种，穴距40cm。播深3～5cm，播后镇压。

图1-17　起垄覆膜播种

（5）化学除草。播后出苗前垄沟内喷施除草剂，亩用50%乙草胺乳油100～120mL，加水30～50kg喷施。

（6）防治病虫害。采用种子包衣防治地下害虫，选择高效低毒农药及时防治2代黏虫和玉米螟。

2. 玉米高产高效节水灌溉技术

（1）改变传统的玉米灌水方法-地面灌溉。20世纪80年代后期，推广了一些新的灌水方法，如水平畦（沟）灌、波涌灌、长畦分段灌等，节水效果有很大提高。

（2）喷灌和滴灌。喷灌技术具有输水效率高、地形适应性强和改善田间小气候的特点，且能够和喷药、除草等农业技术措施相配合，节水、增产效果良好。对水资源不足、透水性强的地区尤为适用。滴灌是利用滴头或其他微水器将水源直接输送到作物根系，灌水均匀度高，且能够和施肥、施药相结合，是目前节水效率最高的灌溉技术。

（3）应用其他节水灌溉技术。在我国西北干旱、半干旱地区采用膜上灌溉。与一般灌水方法不同的是，膜上灌是由地膜输水，并通过放苗孔入渗到玉米根系。由于地膜水流阻力小，灌水速度快，深层渗漏少。而且地膜能减少棵间蒸发，节水效果显著。在新疆和山东、江苏等省区没有灌溉条件的坡地可采用皿灌。皿灌是利用没有上釉的陶土罐贮水，罐埋在土中，罐口低于田面，通常用带孔口的盖子或塑料膜扎住，以防止罐中水分蒸发。可以向罐中加水，也可以收集降水。

3. 大垄双行栽培技术

大垄双行地膜覆盖栽培技术是通过耕作制度改革，使农作物能够充分发挥边际效应、显著提高光能和水肥利用率的先进栽培技术。它具有培肥地力、保墒、保肥、保温等功效，增产、增收效果明显的特点。

一种是打成垄底宽120～130cm、垄顶宽90cm的宽垄，将过去的2垄（垄距60～65cm）合成一大垄，在垄上种2行玉米，小行间距40cm，大行间距80cm或90cm；另一种打成垄底宽90～98cm、垄顶宽60～70cm的宽垄，即将原60～65cm的3条小垄合成并成2条宽垄，每大垄上种两行玉米，即由过去的3行变4行，小行间距30cm，大行间距60cm或67.5cm，起垄后及时镇压保墒。一般选用第一种方式的较多。

第二章
玉米病害防治

一、玉米锈病

（一）病害特征

玉米锈病从幼苗期到成株期均可发病而造成较大的损失，以抽雄期、灌浆期发病重，随后发病逐渐降低。该病主要为害叶片、叶鞘，严重时，也可侵染果穗、苞叶乃至雄花。初期仅在叶片两面散生浅黄色长形至卵形褐色小脓疱，后小疱破裂，散出铁锈色粉状物，即病菌夏孢子（图2-1、图2-2）；后期病斑上生出黑色近圆形或长圆形突起，开裂后露出黑褐色冬孢子（图2-3、图2-4），长1～2mm。

（二）发生规律

锈菌是专性寄生菌，只能在寄主上存活，脱离寄主后，很快死亡。在自然条件下，玉米锈病病原菌的转主寄主是酢浆草。玉米上产生的冬孢子越冬后萌发，产生担孢子，担孢子侵染酢浆草，在酢浆草上相继产生性孢子和锈孢子。锈孢子侵染玉米，玉米发病后产生夏孢子堆和夏孢子。夏孢子释放后。随气流扩散传播，继续侵染玉米。在整个生长季节，可发生数次至十余次再侵染，酿成锈病流行。至生长季末期，在玉米上又产生冬孢子，进入越冬。

图2-1 玉米锈病初侵染

图2-2 玉米锈病初侵染病斑

图2-3 玉米锈病成熟侵染病斑
（叶片正面）

图2-4 玉米锈病成熟侵染病斑
（叶片反面）

在栽培条件下，病原菌以夏孢子侵染不同地区、不同茬口的玉米，完成周年循环，转主寄主不起作用。在南方，终年有玉米生长，锈病可以在各茬玉米之间接续侵染，辗转为害。北方玉米发病的初侵染菌源来自南方，是随高空气流远距离传播的夏孢子。

温度适中、多雨高湿的天气适于普通锈病发生，气温16～23℃，相对湿度100%时发病重。对普通锈病感病的品种较多，例如，丹玉13、铁单8号、掖单12、掖单2号、掖单4号、掖单13、西玉3号和沈单7号等。但抗病性多是小种专化的，锈菌小种区系改变，品种抗病性也随之变化。

（三）防治方法

1. 农业防治

选用抗病、耐病优良品种；施用酵素菌沤制的堆肥、充分腐熟的有机肥，采用配方施肥，增施磷钾肥，避免偏施、过施氮肥，以提高植株的抗病性力；加强田间管理，清除酢浆草和病残体，集中深埋或烧毁，以减少该病菌侵染源。

2. 药剂防治

在发病初期及时喷洒40%多·硫悬浮剂600倍液、50%硫黄悬浮剂300倍液、97%敌锈纳原药250～300倍液、25%敌力脱乳油3 000倍液、12.5%速保利可湿性粉剂4 000～5 000倍液，25%粉锈宁可湿性粉剂1 000～1 500倍液、50%多菌灵可湿性粉剂500～1 000倍液，隔10天左右叶面喷洒1次，连续防治2～3次效果更佳。

二、玉米大斑病

（一）病害特征

玉米大斑病是叶部主要病害之一，玉米全生育期均可发生，但以拔节期——灌浆中期发生为主，在东北、华北、西北和南方山区的冷凉地区发病较重的真菌性病害。该菌主要为害叶片，严重时也可为害叶鞘、苞叶和子粒。一般从下部叶片开始发病，逐渐向上扩展。苗期很少发病，拔节期后开始，抽雄后发病加重。发病部位最先出现水渍状小斑点（图2-5），然后沿叶脉迅速扩大，形成梭形大斑（图2-6），病斑中间颜色较浅，边缘较深，一般长5~20cm，宽1~3cm，严重发病时，多个病斑连片，导致叶片枯死，枯死部位腐烂（图2-7）。在叶鞘和果穗苞叶上，可生成长形或不规则形暗褐色斑块（图2-8），其表面也产生灰黑色霉层。

图2-5　玉米大斑病水渍状小斑点

图2-6　玉米大斑病梭形大斑

图2-7　玉米大斑病叶片枯死

图2-8　苞叶上的病斑

（二）发生规律

玉米大斑病菌主要以菌丝体随散落田间的病残体越冬，春季在病残体上产生分生孢子，由风雨传播，着落到玉米叶片上，产生初侵染。

玉米大斑病多发生于温度较低、湿度较高的地区，因而我国东北、西北、华北北部春玉米区和南方山区春玉米区病害发生较重。大斑病菌分生孢子萌发和侵入的适温为20～27℃，最适温度为23℃，在3℃以下和35℃以上基本不能侵入。病斑上产生孢子的适温为20～26℃，最适温度为23℃，在5℃以下和35℃以上基本不产生孢子。无论孢子产生还是孢子萌发，都需要90%以上的湿度或叶面有露水。在北方春玉米产区，6—7月的降水量是影响大斑病发病程度的关键因素。例如，吉林省若6月和7月的雨量都超过80mm，雨日较多，加之8月雨量适中，则为重病年。若这2个月的雨量和雨日都少，尤其7月的雨量低至40mm以下，那么即使8月雨量适中，仍为轻病年。

玉米连茬地和靠近村庄的地块，越冬菌源量多，初侵染发生得早而多，再侵染频繁，发病率较高。若肥水管理不良，玉米植株生育后期脱肥，则抗病性降低，发病加重。

（三）防治方法

1. 农业防治

以推广利用抗病品种，加强田间肥水管理，合理密植为主，选择抗病耐病品种；及时消除田间残茬、病株，及早焚烧或深埋，降低越冬病源基数，减少翌年该病害发生的初侵染源；加强田间管理，培育壮苗，提高植株抗病能力；合理密植，增施有机肥，合理浇水和雨后积水排除，及时中耕除草，创造不利于病害发生的环境条件。

2. 种子处理

烯唑醇、福美双拌种或包衣。

3. 药剂防治

当发现叶片上有病斑时，可用65％可湿性代森锰锌或50％可湿性多菌灵等抗菌类药剂防治。

三、玉米小斑病

（一）病害特征

玉米小斑病是世界范围内普遍发生的一种叶部病害，从幼苗期到成株期均可发病而造成损失，以抽雄期、灌浆期发病重，随后发病逐渐降低。该病主要为害叶片，也为害叶鞘和苞叶（图2-9、图2-10）。与玉米大斑病相比，叶片上的病斑明显小，但数量多。病斑初为水浸状（图2-11），后变为黄褐色或红褐色（图2-12），边缘颜色较深，椭圆形、圆形或长圆形，大小为（5～10）mm×（3～4）mm，病斑密集时常互相连接成片，形成较大型枯斑，多从植株下部叶片先发病，向上蔓延、扩展。

叶片病斑形状因品种抗性不同，有3种类型。

（1）不规则椭圆形病斑，或受叶脉限制表现为近长方形，有较明显的紫褐色或深褐色边缘。

（2）椭圆形或纺锤形病斑，扩展不受叶脉限制，病斑较大，灰褐色或黄褐色，无明显深色边缘，病斑上有时出现轮纹。

（3）黄褐色坏死小斑点，基本不扩大，周围有明显的黄绿色晕圈，此为抗性病斑。

图2-9 玉米小斑病病叶

图2-10 玉米小斑病病株

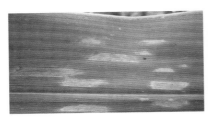

图2-11 玉米小斑病初期

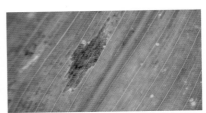

图2-12 玉米小斑病后期

（二）发生规律

玉米小斑病病菌主要以菌丝体在病残体上越冬，其次是在带病种子上越冬。在适宜温度、湿度条件下，越冬菌源产生分生孢子，随气流传播到玉米植株上，在叶面有水膜的条件下萌发侵入，遇到适宜发病的温度、湿度条件，经5～7天即可重新产生分生孢子进行再侵染，造成病害流行。在田间，最初在植株下部叶片发病，然后向周围植株水平扩展、传播扩散，病株率达到一定数量后，向植株上部叶片扩展。

该病病菌产生分生孢子的适宜温度为23～25℃，适于田间发病的日均温度为25.7～28.3℃。7—8月如果月均温度在25℃以上，雨日、雨量、露日、露量多的年份和地区，或结露时间长，田间相对湿度高，则发生重。对氮肥敏感，拔节期肥力低，植株生长不良，发病早且重。连茬种植、施肥不足，特别是抽雄后脱肥、地势低洼、排水不良、土质黏重、播种过迟等，均利于该病发生。

（三）防治方法

1. 农业防治

选择抗病、耐病品种。加强田间管理，消除越冬病源，做好秸秆还田、病株病叶残体焚烧或深埋，减少病原菌降低初浸染病源；田间管理上要合理密植，增施有机肥，合理浇、排水，及时中耕除草，促使玉米生长健壮，提高抗病力。

2. 药剂防治

做好种子处理：用烯唑醇、福美双包衣剂包衣种子，或者用多菌灵、辛硫磷、三唑酮、代森锰锌按种子量的0.4%拌种；当发现叶片上有病斑时，可用65%可湿性代森锌或50%可湿性多菌灵或70%甲基硫菌灵等抗菌类药剂500～800倍液喷雾防治，每5～7天喷药剂防治，连喷2～3次，可有效控制小斑病。

四、玉米圆斑病

（一）病害特征

圆斑病菌主要侵染玉米叶片、叶鞘、苞叶和果穗。在叶片上产生褐色病斑，因小种和品种不同，病斑的形状和大小有明显差异。吉63玉米染病后通常产生近圆形、卵圆形病斑，略具轮纹，中部浅褐色，边缘褐色，有时具黄绿色晕圈，长径大的可达3～5mm（图2-13）。有的品种病叶上产生狭长形、近椭圆形病斑，中部黄褐色，边缘深褐色，病斑狭窄，2个或3个病斑可首尾相连（图2-14）。还有的小种产生较狭长条形斑、同心轮纹斑等。圆斑病的病斑在高湿条件下也会形成黑色霉层。

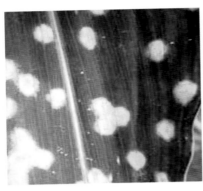

图2-13　近圆形、卵圆形病斑

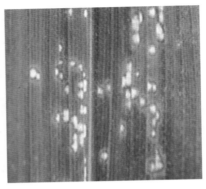

图2-14　狭长形、近椭圆形病斑

　　果穗发病仅见于吉63等少数玉米自交系。苞叶上也产生褐色病斑，近圆形或不规则形，可有轮纹和黑色霉层（图2-15），但也有表面没有霉层的。病果穗的部分籽粒或全部籽粒与穗轴都发生黑腐，果穗变形弯曲，籽粒变黑干瘪，不发芽。果穗表面和籽粒间长出黑色霉状物。

图2-15　圆斑病果穗

（二）发生规律

圆斑病菌主要以菌丝体随病残体在地面和土壤中越冬。种子也能带菌传病，病原菌以菌丝体潜藏在种子内部，也能以菌丝体和孢子附着在种子外表，种子之间还混杂有病叶碎片。

翌年春季，越冬病原菌生出分生孢子，随风雨传播而侵染玉米。在一个生长季节可发生多次再侵染。病原菌首先侵染玉米植株的下部叶片，陆续扩展到上位叶片、苞叶和果穗。玉米苗期就可被侵染，但一般在喇叭口期至抽雄期始发，灌浆期至乳熟期盛发。

对于感病品种，气象条件是决定发病程度的重要因素。7—8月高温多雨，田间湿度大的年份发病重，而干旱少雨的年份发病轻。遗留病残体多的重茬田块、低洼多湿田块、单施追肥而后期脱肥的田块发病都较重。适当晚播的，果穗抽出时已躲过高温多雨季节，因而比早播的发病轻。施足基肥，适当追施氮肥的田块发病也轻。

玉米自交系和杂交种的抗病性有明显差异。圆斑病菌有多个生理小种，需加强监测，了解小种区系的变化。

（三）防治方法

1. 种植抗病品种

抗圆斑病的自交系和杂交种有二黄、铁丹8号、英55、辽1311、吉69、武105、武206、齐31、获白、H84、017、吉单107、春单34、荣玉188、正大2393和金玉608及其他。虽然在推广品种中不乏抗病杂交种，但由于各地病原菌小种不同，在鉴选和推广抗病品种时一定要注意小种差异。

2.农业防治

要搞好田间卫生，及时清除田间病残体，深埋秸秆，施用不含病残体的腐熟的有机肥，播种不带菌的健康种子。要加强水肥管理，降低田间湿度，培育壮苗、壮株。在发病初期及时摘除病株底部的病叶。

3.药剂防治

播种前用15%三唑酮可湿性粉剂按种子重量的0.3%进行拌种，在发病初期喷施杀菌剂，具体方法参见玉米大斑病和小斑病的药剂防治。

五、玉米灰斑病

（一）病害特征

玉米灰斑病是真菌性病害，又称尾孢叶斑病、玉米霉斑病，除侵染玉米外，还可侵染高粱、香茅、须芒草等多种禾本科植物。玉米灰斑病是近年上升很快、为害较严重的病害之一。主要为害玉米叶片，也侵染叶鞘和苞叶。发病初期在叶脉间形成圆形、卵圆形褪绿斑，扩展后成为黄褐色至灰褐色的近矩形、矩形条斑，局限于叶脉之间，与叶脉平行（图2-16）。成熟的矩形病斑中央灰色，边缘褐色，长5~20mm，宽2~3mm（图2-17）。

高湿时病斑两面生灰色霉层，背面尤其明显，此时病斑灰黑色，不透明。病斑可相互汇合（图2-18），形成大斑块，造成叶枯（图2-19）。苞叶上出现纺锤形或不规则形大病斑，病斑上有灰黑色霉层。

图2-16 灰病斑扩展中的病斑

图2-17 褐色矩形病斑

图2-18 病斑汇合

图2-19 灰病斑病株上的枯叶

（二）发生规律

灰斑病菌主要随玉米病残体越冬。在干燥条件下保存的玉米病残体中，病原菌的菌丝体、分生孢子梗、分生孢子和子座都能顺利越冬。在潮湿条件下，病原菌只能在田间地表的病残体中越冬，但至翌年5月初已基本丧失生活力。在埋于土壤中的病残体中，病原菌不能越冬存活。玉米种子也能带菌传病。

越冬病原菌在适宜条件下产生分生孢子，分生孢子随气流和雨滴飞溅而传播。着落在玉米叶片上时，若叶片上有水膜，分生孢子便萌发，产生芽管和侵入菌丝，从气孔侵入。玉米发病后，病斑上又产生分生孢子梗和分生孢子，分生孢子随风雨传播后进行再侵染。在一个生长季节中，发生多次再侵染。

许多栽培因子也会影响灰斑病的发生。在沈阳地区，早播发病较重，晚播发病较轻；岗地发病较轻，平地和洼地发病较重。土壤质地也有影响，一般壤土发病较轻，沙土和黏土发病都较重。增施肥料能不同程度地减轻病害，而施用氮肥少、植株生长后期脱肥的地块发病较重。免耕或少耕的田块，病残体积累多，发病也较重。间作套种比清种玉米发病轻。

（三）防治方法

1. 农业防治

收获后及时清除病残体，减少病菌源数量；选用抗病、耐病品种，进行大面积轮作、间作；加强田间管理，雨后及时排水，防止地表积水滞留湿度过大。

2. 药剂防治

发病初期喷洒75%百菌清可湿性粉剂500倍液、50%多菌灵可湿性粉剂600倍液、40%克瘟散乳油800～900倍液、50%苯菌灵可湿性粉剂1 500倍液、25%苯菌灵乳油800倍液、20%三唑酮乳油1 000倍液，每隔1周喷洒1次，交替用药连续喷2～3次效果更好。

六、玉米褐斑病

（一）病害特征

玉米褐斑病一般从下部叶片开始发病，逐渐向上扩展蔓延。从幼苗期到成株期均可发病而造成较大的损失，以抽雄期、灌浆期发病重，随后发病逐渐降低。该病是真菌性病害，病菌主要为害叶片、叶鞘，病斑主要集中在叶片或叶鞘上，病斑初期呈黄色水渍状小斑点，后变为黄褐色或红褐色梭形小斑（图2-20），病斑中间颜色较浅，边缘色较深。后期病斑破裂，散出黄色粉状物，并形成黑褐色斑点（图2-21、图2-22）。发病严重时，多个病斑连片，叶片枯死部位干枯（图2-23），影响叶片光合效率，容易造成养分不足籽粒干瘪。

图2-20　玉米褐斑病发病初期症状

图2-21　玉米褐斑病发病后期症状

图2-22　玉米褐斑病叶片背面症状

图2-23　玉米褐斑病大田症状

（二）发生规律

褐斑病菌以休眠孢子囊在土壤或病残体中越冬。翌年休眠孢子囊随风雨传播，萌发产生游动孢子，游动孢子萌发产生侵入丝，侵入玉米幼嫩组织。玉米多在喇叭口期始见发病，抽穗至乳熟期为显症高峰期。

病原菌的休眠孢子囊萌发需有水滴和较高的温度（23~30℃）。高温、高湿、长时间降雨适于发病。南方发病较重，北方夏玉米栽培区若6月中旬至7月上旬降水多，湿度高，发病相应增多。

实行玉米秸秆直接还田后，田间地面散布较多病残体，侵染菌源增多，发病趋重。植株密度高的田块，地力贫瘠、施肥不足、植株生长不良的田块，发病都较重。

玉米自交系和杂交种间抗病性有明显差异。黄淮海夏玉米区大面积种植的郑单958、鲁单981等杂交种高度感病。据调查，自交系黄早4、掖478、塘四平头、改良瑞德系等高度感病，用感病自交系组配的杂交种也感病。高感品种连作，土壤中菌量逐年增加，就导致了褐斑病的流行。

（三）防治方法

1.农业防治

清洁田间病株残体，在玉米收获后彻底清除病残体组织，重病地块不宜进行秸秆直接还田，如需还田应充分粉碎，并深翻土壤；增施磷钾肥料，施足底肥，适时追肥，施用充分腐熟的有机肥，注意氮、磷、钾肥搭配；田间发现病株，应立即治疗补救或拔除；选用抗病、耐病品种。

2.药剂防治

在玉米4~5片叶期或发病初期，用15%的粉锈宁可湿性粉剂1 000倍液喷雾，或用12.5%烯唑醇可湿性粉剂1 000倍液。为了提高植株抗性，可结合喷药，在药液中适当加些叶面宝、磷酸二氢钾、尿素等，一般间隔10~15天，交替用药再喷1次，连喷2~3次效果更佳。

七、玉米青枯病

（一）病害特征

玉米青枯病又称玉米茎基腐病或茎腐病，是世界性的玉米病害，但在我国近年来才有严重发生。该病一般在玉米中后期发病，常见的在玉米灌浆期开始发病，乳熟末期到蜡熟期为高峰期，属一种爆发性、毁灭性病害，特别是在多雨寡照、高湿高温气候条件下容易流行，严重者减产50%左右，发病早的甚至导致绝收。感病后最初表现萎蔫，以后叶片自下而上迅速失水枯萎，叶片呈青灰色或黄色逐渐干枯，表现为青枯或黄枯（图2-24）。

图2-24　大田病株与健株症状

病株雌穗下垂（图2-25），穗柄柔韧，不易剥落，好粒瘪瘦，无光泽且脱粒困难。茎基部1~2节呈褐色失水皱缩，变软，髓部中空（图2-26），或茎基部2~4节有呈梭形或椭圆形水浸状病斑，绕茎秆逐渐扩大，变褐腐烂，易倒伏（图2-27）。根系发育不良，侧根少，根部呈褐色腐烂（图2-28），根皮易脱落，病株易拔起。根部和茎部有絮状白色或紫红色霉状物。

图2-25　病株雌穗下垂

图2-26　髓部中空

图2-27　茎基部后期症状

图2-28　根部症状

（二）发生规律

　　引起青枯病的病原菌种很多，在我国主要为镰刀菌和腐真菌。镰刀菌以分生孢子或菌丝体，腐真菌以卵孢子在病残体内外及土壤内存活越冬，带病种子是翌年的主要侵染源。病菌借风雨、灌溉、机械、昆虫携带传播，通过根部或根茎部的伤口侵入或直接侵入玉米根系或植株近地表组织并进入茎节，营养和水分输送受阻，导致叶片呈现青枯或黄枯、茎基缢缩、果穗倒挂、整株枯死。种子带菌可以引起苗枯。

玉米籽粒灌浆和乳熟阶段遇较强的降水，雨后暴晴，土壤湿度大，气温剧升，往往导致该病暴发成灾。雌穗吐丝期至成熟期，降水多、湿度大，发病重；沙土地、土地瘠薄、排灌条件差、玉米生长弱的田块发病较重；连作、早播发病重。玉米品种间抗病性存在明显差异。

（三）防治方法

1. 农业防治

选用抗病、耐病品种。发病初期及时消除病株残体，并集中烧毁；收获后深翻土壤，也可减少和控制侵染源。玉米生长后期结合中耕、培土，增强根系吸收能力和通透性，雨后及时排出田间积水。合理施用硫酸锌、硫酸钾、氯化钾，可降低玉米细菌性茎腐病发病率。

2. 种子处理

用种衣剂包衣，建议选用咯菌·精甲霜悬浮种衣剂包衣种子，能有效杀死种子表面及播种后种子附近土壤中的病菌。

3. 药剂防治

一是防治害虫，减少伤口。二是喷药防治。用25%叶枯灵加25%瑞毒霉粉剂600倍液，或用58%瑞毒锰锌粉剂600倍液，在拔节期至喇叭口期喷雾预防，间隔7~10天，交替用药，连续喷药2~3次效果更佳。发现田间零星病株可用甲霜灵400倍液或多菌灵

500倍液灌根，每株灌药液500mL。在玉米细菌性茎腐病发病初期用77%可杀得可湿性粉剂600倍液或农用链霉素4 000～5 000倍液喷雾，或每667m²用量为50%氯溴异氰尿酸可湿性粉剂50～60g对水喷雾，7～10天后再喷1次。

八、玉米红叶病

（一）病害特征

玉米红叶病属于媒介昆虫蚜虫传播的病毒病，主要发生在甘肃省，在陕西、河南、河北等省也有发生。该病主要为害麦类作物，也侵染玉米、谷子、糜子、高粱及多种禾本科杂草。在红叶病重发生年，对生产有一定影响。

病害初发生于植株叶片的尖端，在叶片顶部出现红色条纹。随着病害的发展，红色条纹沿叶脉间组织逐渐向叶片基部扩展，并向叶脉两侧组织发展（图2-29、图2-30），变红区域常常能够扩展至全叶的1/3～1/2，有时在叶脉间仅留少部分绿色组织，发病严重时引起叶片干枯死亡。

图2-29　玉米红叶病病叶　　　　图2-30　玉米红叶病病株

（二）发生规律

病原菌为大麦黄矮病毒，传毒蚜虫有禾谷缢管蚜、麦二叉蚜、麦长管蚜、麦无网长管蚜和玉米蚜等多种蚜虫。在冬麦区，传毒蚜虫在夏玉米、自生麦苗或禾本科杂草上为害越夏，秋季迁回麦田为害。传毒蚜虫以若虫、成虫或卵在麦苗和杂草基部或根际越冬。翌年春季继续为害和传毒。秋、春两季是黄矮病传播侵染的主要时期，春季更是主要流行时期。麦田发病重、传毒蚜虫密度高，玉米发病也加重。玉米品种间发病有差异。病害发生的严重程度与当年蚜虫种群数量有关。

（三）防治方法

1. 农业防治

在发病地区不种植高度感病的玉米品种；加强栽培管理，适期播种，合理密植，清除田间杂草。

2. 药剂防治

防蚜控病，搞好麦田黄矮病和麦蚜的防治，减少侵染玉米的毒源和介体蚜虫，可有效减轻玉米红叶病的发生。

九、玉米顶腐病

（一）病害特征

玉米顶腐病可分为真菌性镰刀菌顶腐病、细菌性顶腐病两种情况。成株期病株多矮小，但也有矮化不明显的，主要症状如下。

（1）叶缘缺刻型（图2-31），感病叶片的基部或边缘出现缺刻，叶缘和顶部褪绿呈黄亮色，严重时叶片的半边或者全叶脱落，只留下叶片中脉以及中脉上残留的少量叶肉组织。

（2）叶片枯死型（图2-32），叶片基部边缘褐色腐烂，有时呈"撕裂状"或"断叶状"，严重时顶部4～5叶的叶尖或全叶枯死。

图2-31 叶缘缺刻型

图2-32 叶片枯死型

（3）扭曲卷裹型（图2-33），顶部叶片蜷缩成直立"长鞭状"，有的在形成鞭状时被其他叶片包裹不能伸展形成"弓状"，有的顶部几个叶片扭曲缠结不能伸展常呈"撕裂状""皱缩状"。

（4）叶鞘、茎秆腐烂型（图2-34），穗位节的叶片基部变褐色腐烂的病株，常常在叶鞘和茎秆髓部也出现腐烂，叶鞘内侧和紧靠的茎秆皮层呈"铁锈色"腐烂，剖开茎部，可见内部维管束和茎节出现褐色病点或短条状变色，有的出现空洞，内生白色或粉红色霉状物，刮风时容易折倒。

（5）弯头型（图2-35），穗位节叶基和茎部感病发黄，叶鞘茎秆组织软化，植株顶端向一侧倾斜。

（6）顶叶丛生型（图2-36），有的品种感病后顶端叶片<u>丛</u><u>生</u>、直立。

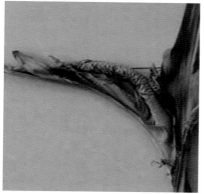

图2-33　扭曲卷裹型

图2-34　叶鞘、茎秆腐烂型

图2-35　弯头型

图2-36　顶叶丛生型

（二）发生规律

玉米顶腐病病原菌分为镰刀菌顶腐病、细菌性顶腐病两种，在土壤、病残体和带菌种子中越冬。种子带菌可远距离传播，使发病区域不断扩大。玉米抽雄前为该病的盛发期。该病具有某些系统侵染的特征，病株产生的分生孢子还可以随风雨传播，进行再侵染。在低温、多雨高湿条件下发生严重；土质黏重、低洼冷凉地块发病重；品种间抗性差异大。

（三）防治方法

1. 农业防治

秸秆还田后深耕土壤，及时清除病株残体，减少病原菌数量；选用抗病耐病品种，合理轮作、间作，能有效减少该病发生；培肥土壤，适量追氮肥，尤其对发病较重地块更要及早追施，叶面喷施营养剂，补充营养元素，促苗早发、健壮，提高抗病能力。

2. 适时化除

消灭杂草，减少蓟马、蚜虫、飞虱等传毒害虫，为玉米苗健壮生长提供良好的环境，以增强抗病能力。

3. 药剂防治

合理使用药剂防治，发病地块可用广谱性杀菌剂进行防治，如50%多菌灵可湿性粉剂500倍液加宜佳硼微肥，或用12.5%烯唑醇加宜佳硼微肥1 000倍液喷施，或用25%三唑酮乳油1 000倍液，或用代森锰锌1 000倍液喷雾防治，或用58%甲霜灵锰锌可湿性粉剂300倍液，或用75%百菌清可湿性粉剂500倍等药剂进行防治。

十、玉米粗缩病

（一）病害特征

玉米粗缩病由灰飞虱（图2-37）传播的病毒病，灰飞虱传毒是持久性的，卵可以带毒。带毒飞虱的若虫和成虫在麦田及田埂、地边杂草下越冬，成为翌年初侵染源。

该病主要为害幼苗（图2-38），多在玉米6～7叶出现症状，感病植株叶色浓绿，叶片宽、短、硬、脆、密集和丛生，在心叶基部及中脉两侧最初产生透明小亮点，以后亮点变为虚线状条纹，在叶背面沿叶脉产生微小的密集的蜡白色突起（图2-39），用手触摸有明显的粗糙感觉。植株生长缓慢，矮化、矮小（图2-40），仅为健株的1/3～1/2。有时在苞叶上也有小条点，病株根系少而短，易从土中拔出。发病严重时，植株雌雄穗不能发育抽出。

图2-37　灰飞虱

图2-38　为害幼苗

| 图2-39　玉米粗缩病叶片背面症状 | 图2-40　玉米粗缩病成株期症状 |

（二）发生规律

玉米粗缩病在玉米整个生育期均可以侵染发病，侵染越早症状表现越明显，玉米苗期感病受害最重。病毒寄主范围十分广泛，主要侵染禾本科植物，如玉米、小麦、水稻、高粱、谷子以及马唐、稗草等。该病毒主要在小麦、多年生禾本科杂草及传毒介体灰飞虱上越冬。玉米出苗后，小麦和杂草上的灰飞虱即带毒迁至玉米上取食传毒，引起玉米发病。玉米5叶期前易感病，10叶期抗性增强。在玉米生长中后期，病毒再由灰飞虱携带向高粱、谷子等晚秋禾本科作物及马唐等禾本科杂草传播，秋后再传向小麦或直接在杂草上越冬，形成周年侵染循环。

（三）防治方法

1. 农业防治

选种抗、耐病品种；播期调节，麦田套种玉米此病发生相对较重，麦收后复种的感病相对较轻；灭茬及麦秸还田细碎发病较轻，不灭茬及麦秸还田粗放地块发病较重；在玉米播种前和收获后清除田边、沟边杂草，减少病源虫源；结合间苗定苗，及时拔除病株，以减少病株和毒源，严重发病地块及早改种。

2. 药剂防治

用内吸性杀虫剂拌种或包衣种子，利用噻虫嗪或戊唑醇种衣剂进行包衣种子或拌种，也可用40%甲基异柳磷按种子量的0.3%拌种或包衣。在发病前进行药剂防治，每667m^{2}用10%吡虫啉10g对水30kg喷雾防治；灰飞虱若虫盛期可667m^{2}用25%噻虫嗪可湿性粉剂30～50g，或用25%吡蚜酮可湿性粉剂20～30g，或用40%毒死蜱乳油80～100mL对水30kg喷雾防治，同时，注意田头地边、沟边、坟头的杂草上喷药防治。

十一、玉米全蚀病

（一）病害特征

玉米全蚀病是近年来在辽宁、山东等省新发现的玉米根部土传病害，主要为害根部，可造成植株早衰、倒伏，影响灌浆，千粒重下降，严重威胁玉米生产。

苗期染病时地上部分症状不明显，抽穗灌浆期地上部分开始出现症状，初叶尖、叶缘变黄，逐渐向叶基和中脉扩展，后叶片自下而上变为黄褐色（图2-41）。严重时茎秆松软，根系呈褐色腐烂，须根和根毛明显减少，致根皮变黑坏死或腐烂，易折断倒伏。7—8月土壤湿度大时，根系易腐烂（图2-42），病株早衰，千粒重下降。收获后菌丝在根组织内继续扩展，致根皮变黑发亮，并向根基延伸，呈黑脚或黑膏药状，剥开茎基，表皮内侧有小黑点，即病菌子囊壳。

图2-41 玉米全蚀病病叶   图2-42 玉米全蚀病黑根

（二）发生规律

病菌存活于土壤病残体内越冬，可在土壤中存活3年以上。整个生育期均可为害，病菌从苗期种子根系侵入，后向次生根蔓延。该菌在根系上活动受土壤湿度影响，5—6月病菌扩展不快，7—8月气温升高，雨量增加，病情迅速扩展。沙壤土发病重于壤土，洼地重于平地，平地重于坡地。施用有机肥多的发病轻。7—9月高温多雨发病重。品种间感病程度差异明显。

（三）防治方法

1. 农业防治

种植抗病品种；提倡施用酵素菌沤制的堆肥或增施有机肥，每亩施入充分腐熟有机肥2 500kg，并合理追施氮、磷、钾速效肥；收获后及时翻耕灭茬，发病地区或田块的根茬要及时烧毁，减少菌源；与豆类、薯类、棉花、花生等非禾本科作物实行大面积轮作；适期播种，提高播种质量。

2. 药剂防治

可选用3%苯醚甲环唑悬浮种衣剂40～60mL或12.5%全蚀净20mL拌10kg种子，晾干后即可播种，也可储藏后再播种。此外，可用含多菌灵、呋喃丹的玉米种衣剂按药种重量比1∶50进行种子包衣，对该病也有一定防效，且对幼苗有刺激生长作用。

十二、玉米丝黑穗病

（一）病害特征

玉米丝黑穗病是幼苗侵染和系统侵染的病害。苗期植株矮化（图2-43）、节间缩短（图2-44）、植株弯曲、叶片密集、叶色浓绿（图2-45）并有黄白条纹（图2-46），到抽雄或出穗后甚至到灌浆后期才表现出明显病症。病株的雄穗、雌穗均可感染（图2-47、图2-48），严重的雄穗全部或部分小花受害，花器变形，颖片增长成叶片状，不能形成雄蕊，小花基部膨大形成菌瘿，呈灰褐色，破裂后散出大量黑粉孢子，病重的整个花序被破坏变成黑穗。果穗感病后外观短粗，无花丝，苞叶叶舌长而肥大，大多数除苞叶外全部果穗被破坏变成菌瘿，成熟时苞叶开裂散出黑粉（即病菌的冬孢子），内混有许多丝状物即残留的微管束组织，故名丝黑穗病。发病严重时，病株丛生，果穗畸形，不结实，病穗黑粉甚少。多见的是雄花和果穗都表现黑穗症状（图2-49、图2-50），少数病株只有果穗成黑穗而雄花正常，雄花成黑穗而果穗正常的极少见到。

（二）发生规律

丝黑穗病菌的冬孢子混杂在土壤中、粪肥中或黏附在种子表面越冬。带菌土壤和粪肥是主要侵染菌源。冬孢子在田间土壤中可存活2~3年。用带菌病残体、病土沤肥，若未腐熟，冬孢子仍有侵染能力。用病秸秆做饲料，冬孢子经过牲畜消化道后，并不会完全死亡。

图2-43　植株矮化

图2-44　节间缩短

图2-45　叶色浓绿

图2-46　黄白条纹

图2-47　雄穗畸形

图2-48　雌穗畸形

图2-49　雄穗黑穗状　　　　　　图2-50　雌穗黑穗状

　　越冬后的冬孢子，在适宜条件下萌发，产生担孢子，不同性别的担孢子萌发后相互结合，产生侵染菌丝。丝黑穗病菌的主要侵入部位是胚芽鞘和胚根。从种子萌发到7叶期，病原菌都能侵入发病，到9叶期不再侵入。出土前的幼芽期是主要侵入阶段，芽长2~3cm时最易侵入。病原菌侵入后，菌丝系统扩展，进入生长锥，最后进入果穗和雄穗。丝黑穗病没有再侵染现象。

　　病田连作，施用未腐熟的带菌堆肥、厩肥都可导致菌量增加，发病加重。玉米种子萌发和出苗阶段的环境条件对侵染发病有重要影响，在地温13~35℃范围内，病原菌都能侵染，16~25℃为侵染适温，22℃时侵染率最高。土壤含水量在15.5%时发病率最高，土壤过干或过湿，发病率都能有所降低。

　　各茬玉米中以春玉米发病最重，麦套玉米次之，夏玉米较轻。播种早，地温低，幼苗生长缓慢，玉米易感阶段拉长，侵染率增高。

（三）防治方法

1. 农业防治

选用抗病、耐病品种；在玉米播种前和收获后及时清除田边、沟边残病株；避免连作，合理轮作，减少病源菌；结合间苗定苗，及时拔除病株，摘除感病菌囊、菌瘤深埋，以减少病源菌传播概率；施用充分腐熟的玉米秸秆有机厩肥、堆肥，预防病菌随粪肥传入田内；加强栽培管理促早出苗、健壮生长，提高自身抗病能力。

2.土壤、种子处理

播种前药剂处理杀菌，多用50%多菌灵可湿性粉剂或者40%的五氯硝基苯，按种子量的0.5%～0.7%拌种。发病较重田块，麦收后播种前用0.1%五氯硝基苯或0.1%多菌灵进行土壤处理，防此病效果较好。

3.药剂防治

前期可结合其他病虫害防治、喷施化控药物等时，加入50%多菌灵可湿性粉剂50～75g/667m^2，或者用三唑酮类杀菌剂乳油15～20mL/667m^2，或者加入代森锌、代森锰锌杀菌剂配制成600倍液预防。在该病害初发期用药防治，间隔7～10天，连续用药2～3次效果更佳。

十三、玉米瘤黑粉病

（一）病害特征

玉米瘤黑粉病为玉米比较普遍的一种病害，为局部侵染病害，植株地上幼嫩组织和器官均可感染发病，病部的典型特点是会产生肿瘤。开始初发病瘤呈银白色，表面组织细嫩有光泽，并迅速膨大，常能冲破苞叶而外露，表面逐渐变暗，略带浅紫红色，内部则变成灰色至黑色，失水后当外膜破裂时，散出大量黑粉孢子。叶上、茎秆上发病形成密集成串小肿瘤（图2-51、图2-52），雄雌穗发病可部分或全部变成较大的肿瘤（图2-53、图2-54）。发病严重时，影响植株代谢和养分积累，容易造成养分消耗过多而使籽粒干瘪，影响严重的可减产15%以上。

图2-51 病叶

图2-52 病茎

图2-53 病雄穗

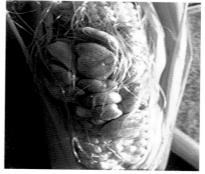

图2-54 病雌穗

（二）发生规律

病原菌主要以冬孢子在土壤中或病株残体上越冬，成为翌年的侵染菌源。未腐熟堆肥中的冬孢子和种子表面污染的冬孢子也可以越冬传病。病田连作，收获后不及时清除病残体，施用未腐熟农家肥，都会使田间菌源增多，发病趋重。越冬后的冬孢子萌发产生担孢子，不同性别的担孢子结合，产生双核侵染菌丝，从玉米幼嫩组织直接侵入，或者从伤口侵入。在玉米整个生育期都可以侵染致病。早期形成的肿瘤产生冬孢子和担孢子，可随气流、雨水、昆虫分散传播，引起再侵染。

玉米瘤黑粉病是一种局部侵染的病害。病原菌在玉米体内虽能扩展，但通常扩展距离不长，在苗期能引起相邻几节的节间和叶片发病。

该菌冬孢子没有明显的休眠现象，成熟后遇到适宜的温、湿条件就能萌发。在北方，冬、春干燥，气温较低，冬孢子不易萌发，从而延长了侵染时间，提高了侵染效率，而在温度高、多雨高湿的地方，冬孢子易于萌发失效。

玉米抽雄前后遭遇干旱，抗病性受到明显削弱，此时若遇到小雨或结露，病原菌得以侵染，就会严重发病。玉米生长前期干旱，后期多雨高湿，或干湿交替，也有利于发病。遭受暴风雨、冰雹袭击，或发生严重虫害的田块，玉米伤口增多，发病趋重。种植密度过大、偏施氮肥的田块，玉米组织柔嫩，也有利于病原菌侵染发病。

玉米品种间的抗病性有明显差异，大致耐旱的品种、果穗苞叶长而紧裹的品种和马齿型玉米较抗病，甜玉米较感病。

（三）防治方法

1. 农业防治

选种抗病、耐病品种；做好种子处理，可用0.2%硫酸铅或三效灵克菌丹等按种子重量的4%药剂拌种，或用包衣剂包衣种子；秸秆还田用作肥料时要充分腐熟，该病害严重的地区或地块，秸秆不宜直接还田；田间遗留的病残组织应及时深埋，减少或消灭病菌侵染源；加强田管理，及时灌水，合理追肥，合理密植，增加光照，增强玉米抗病能力。

2. 药剂防治

在拔节期、喇叭口期结合防治害虫喷施三唑类杀菌剂防治瘤黑粉病，或用50%多菌灵可湿性粉剂600倍液，或用硝基苯酚、代森锰锌、井冈霉素等杀菌剂500～800倍液预防，每667m²需要稀释药液30～60kg，也可在初发期喷药防治。

十四、玉米弯孢霉叶斑病

（一）病害特征

玉米弯孢霉叶斑病在我国黄淮海、华北和东北玉米区普遍发生的真菌性病害，其为害程度有超过大斑病和小斑病的趋势。该病主要为害叶片、叶鞘、苞叶（图2-55）。初生褪绿小斑点，逐渐扩展为圆形至椭圆形褪绿透明斑，中间枯白色至黄褐色，边缘暗褐色，四周有浅黄色晕圈，大小（0.5～4）mm×（0.5～2）mm，大的可达7mm×3mm（图2-56）。湿度大时，病斑正背两面均可见灰色分生孢子梗和分生孢子。该病症状变异较大，在有些自交系和杂交种的抗病类型上只生一些白色或褐色小斑点（图2-57），在感病品种上病斑常连接成片引起叶片枯死，感病品种外源具褪绿色或淡黄色晕环（图2-58）。

（二）发生规律

玉米弯孢霉叶斑病病菌以菌丝体或分生孢子在病残体上越冬，遗落于田间的病叶和秸秆上，是主要的初侵染源。病菌分生孢子最适萌发温度为30～32℃，最适的湿度为超饱和湿度，相对湿度低于90％则很少萌发或不萌发。不同品种之间病情差别较大。玉米苗期对该病的抗性高于成株期，苗期少见发生，9～13叶期易感染该病，抽雄穗后是该病的发生流行高峰期。7—8月温度、相对湿度、降水量、连续降水日数与该病发生时期、发生为害程度密切相关。高温、高湿、连续降水，利于该病的快速流行。玉米种植过密、偏施氮肥、管理粗放、地势低洼积水和连作的地块发病重。

图2-55　玉米弯孢霉叶斑病病叶

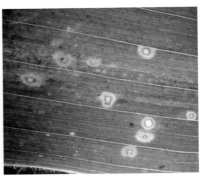
图2-56　玉米弯孢霉叶斑病病斑

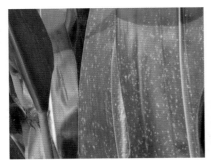
图2-57　玉米弯孢霉叶斑病抗病类型

图2-58　玉米弯孢霉叶斑病感病类型

（三）防治方法

1. 农业防治

感病植株病残体上的病菌在干燥条件下可安全越冬，在翌年玉米生长前期形成初侵染菌源，采取轮作换茬和清除田间病残体是有效防治和减少发病的基本措施之一；选用抗病、耐病品种。

2. 药剂防治

在发病初期，田间发病率10%时喷药防治，有效药剂有甲基硫菌灵、多菌灵等，提倡选用50%速克灵可湿性粉剂2 000倍液、58%代森锰锌可湿性粉剂1 000倍液。施药方法应掌握在玉米大喇叭口期灌心，效果较喷雾法好，且容易操作。气候条件适宜发病时1周后防治第二遍，连续防治2～3次效果更佳。

第三章
玉米虫害防治

一、玉米螟

（一）为害特征

玉米螟是世界性玉米主要害虫，广泛分布于全国各玉米种植区，严重降低了玉米的产量和品质，大发生时使玉米减产30％以上。除玉米外，该虫还寄生高粱、谷子、水稻、大豆、棉花等多种农作物。

玉米螟是钻蛀性害虫，幼虫钻蛀取食心叶、茎秆、雄穗和雌穗。幼虫蛀穿未展开的嫩叶、心叶，使展开的叶片出现一排排小孔（图3-1）。

幼虫可蛀入茎秆（图3-2），取食髓部，影响养分输导，受害植株籽粒不饱满，被蛀茎秆易被大风吹折。幼虫钻入雄花序，使之从基部折断。幼虫还取食雌穗的花丝和嫩苞叶，并蛀入雌穗，食害幼嫩籽粒，造成严重减产（图3-3），玉米螟蛀孔处常有锯末状虫粪。

图3-1　玉米螟造成的一排排小孔

图3-2　玉米螟钻蛀茎秆

图3-3　玉米螟蛀蚀籽粒

（二）形态特征

玉米螟属于鳞翅目螟蛾科，有成虫、卵、幼虫和蛹等虫态。

1. 成虫

成虫体长10～13mm，翅展24～35mm，头、胸部黄褐色

（图3-4）。前翅黄褐色，横贯翅面有2条暗褐色横线，内横线波纹状，外横线锯齿状，其外侧黄褐色，再向外有褐色带与外缘平行。缘毛内侧褐色，外侧白色。环斑为暗褐色斑点，肾斑呈暗褐色短棒状，两斑之间有1个黄色小斑。后翅浅黄色，翅中部也有2条横线，与前翅的横线相连。雌蛾前翅与后翅的色泽比雄蛾浅，后翅线纹常不明显。

图3-4　成虫

2. 卵

卵粒长约1mm，扁椭圆形，初乳白色，半透明，渐变黄色，具有网纹，有光泽，孵化前出现小黑点（幼虫头部）。卵粒排列成鱼鳞状。

3. 幼虫

幼虫圆筒形（图3-5），体长约25mm，头、前胸背板和臀板赤褐色至黑褐色，体色黄白色、浅灰褐色至浅红褐色，体背有3条褐色纵线，中央一条较明显，两侧的纵线隐约可见。中、后胸背面各有4个圆形毛片，排成一排，腹部1～8节的各节背面均有2列毛片，前列4个较大，后列2个较小。幼虫腹足趾钩3序缺环。

图3-5　幼虫

4. 蛹

蛹长14～15mm，纺锤形，黄褐至红褐色（图3-6），1～7腹节腹面具有刺毛2列，体末端有黑褐色尾状钩刺（臀棘）5～8根。

图3-6　蛹

（三）发生规律

因各地气候条件不同，亚洲玉米螟1年发生1～7代不等，均以末代老熟幼虫在作物的茎秆、穗轴或根茬内越冬，也有的在杂草茎秆中越冬。玉米秸秆中越冬虫量最大，穗轴中次之。

翌年春季越冬幼虫陆续化蛹，羽化。成虫飞翔力强，有趋光性。白天潜伏在作物或杂草丛中，夜间活动和交配。雌蛾在株高50cm以上，将要抽雄的植株上产卵，卵多产在叶背面中脉两侧，少数产在茎秆上。每只雌蛾产卵10～20块，共400粒左右，每个卵块有卵20～50粒不等。产卵期7～10天。

幼虫有5个龄期，3龄以前潜藏，4龄以后钻蛀为害。幼虫具有趋触、趋湿、趋糖、避光等特性。孵化后选择诸如心叶、茎秆、花丝、穗苞等湿度较高、含糖量较高且便于隐藏的部位定居。老熟后在为害部位附近化蛹。

在我国北方，1代卵产于春播玉米心叶期，幼虫孵化后先取食卵壳，然后爬行分散，也能吐丝下垂，随风飘落到邻近植株上，取食未展开的嫩叶。以后又相继取食雄穗穗苞和下移蛀茎。2代螟卵一般产在玉米花丝盛期，幼虫大量侵入花丝丛取食，4～5龄后取食雌穗籽粒，钻入穗轴，蛀入雌穗柄或下部茎秆。1代玉米螟为害最重，冬前虫量大，越冬成活率高，常造成1代严重发生。近年来，有些地方2代玉米螟的为害已重于1代。玉米螟各代发生期不整齐，有世代重叠现象。

各年玉米螟的发生量与越冬基数、气象条件、天敌数量、栽培管理等诸因素密切相关。亚洲玉米螟发生的适宜温度为15～30℃，相对湿度为60%以上。在旬均温20℃以上、降水较多、旬平均相对湿度70%左右的条件下，玉米螟盛发。北方春播改夏播，春播玉米面积缩小，1代玉米螟缺乏适宜寄主，发生量减少，从而显著减轻了夏播作物上2代和3代的为害。

（四）防治方法

应采取以生物防治为主导、化学和物理防治为补充的绿色防控治理策略，根据不同生态区玉米螟的发生特点，集成防控关键技术。

1. 农业防治

要积极选育或引进抗螟高产品种。在秋收之后至冬季越冬代化蛹前，把主要越冬寄主作物的秸秆、根茬、穗轴等，采用烧掉、机械粉碎、用作饲料或封垛等多种办法处理完毕，以消灭越冬虫源。要因地制宜地实行耕作改制，在夏玉米2~3代玉米螟发生区，要酌情减少玉米、高粱、谷子的春播面积，以减轻夏玉米受害。可设置早播诱虫田或诱虫带，种植早播玉米或谷子，诱集玉米螟成虫产卵，然后集中消灭。在严重为害地区，还可在玉米雄穗打苞期，隔行人工去除2/3的雄穗，带出田外烧毁或深埋，消灭为害雄穗的幼虫。

2. 诱集成虫

设置黑光灯和频振式杀虫灯诱杀越冬代成虫，阻断产卵。单灯防治面积4hm²，设置高度为距地面2m。还可在越冬代成虫羽化初期开始使用性诱剂诱杀。

3. 药剂防治

防治春玉米1代幼虫和夏玉米2代幼虫，可在心叶末期喇叭口内施用颗粒剂。1%辛硫磷颗粒剂或1.5%辛硫磷颗粒剂，每亩用药1~2kg，使用时加5倍细土或细河砂混匀，撒入喇叭口；0.3%辛硫磷颗粒剂，每株用药2g，施入大喇叭口内；0.1%或0.15%

的三氟氯氰菊酯颗粒剂，拌10～15倍煤渣颗粒施用，每株用药1.5g；14%毒死蜱颗粒剂，每株用药1～2g。

80%敌百虫可溶性粉剂1 000～1 500倍液，50%敌敌畏乳油1 000倍液等，可用于灌心叶（每株用药液10mL）。在玉米螟卵孵化盛期，还可喷施24%甲氧虫酰肼悬浮剂，防治1代玉米螟，每亩用药25mL，对水25L喷雾，但要将药液喷在玉米喇叭口内。

穗期玉米螟的防治，可在玉米抽丝60%时，用上述有机磷或菊酯类颗粒剂撒在雌穗着生节的叶腋，其上2叶、其下1叶的叶腋以及穗顶花丝上。

二、棉铃虫

（一）为害特征

棉铃虫为重要农业害虫，分布广泛，寄主植物多达200余种，主要为害玉米、棉花、麦类、豌豆、苜蓿、向日葵、茄科蔬菜等。近年来对玉米的为害明显加重。夏玉米田平均减产5%～10%，严重的可达15%以上。

初龄幼虫取食嫩叶、花丝和雄花，3龄以后蛀到苞叶内为害，多钻入玉米心内，食害果穗，5～6龄进入暴食期。幼虫取食的叶片（图3-7）出现孔洞或缺刻，有时咬断心叶，造成枯心（图3-8）。在叶片上也形成排孔（图3-9），但孔洞粗大，形状不规则，边缘不整齐。幼虫可咬断花丝（图3-10），造成籽粒不育。为害果穗时，多在果穗顶部取食（图3-11），少数从中部苞叶蛀入果穗（图3-12），咬食幼嫩籽粒，粪便沿虫孔排出。

图3-7 幼虫为害叶片

图3-8 心叶为害状

图3-9 幼虫为害叶片出现孔洞

图3-10 幼虫咬断花丝

图3-11 为害果穗顶部

图3-12 被钻蛀的玉米果穗

（二）形态特征

棉铃虫属于鳞翅目夜蛾科。

1. 成虫

体长15～20mm，翅展31～40mm。雌蛾赤褐色，雄蛾灰绿色。前翅基线不清晰，内横线双线，褐色，锯齿形，中横线褐色，略呈波浪形，外横线双线，亚外缘线褐色，锯齿形，两线间为一褐色宽带。环形斑褐边，中央有一褐点，肾状斑褐边，中央有1个深褐色的肾形斑点。外缘各脉间有小黑点。后翅灰白色，沿外缘有黑褐色宽带，宽带中央有2个相连的白斑（图3-13）。

2. 卵

初期乳白色，半球形，顶端稍隆起，底部较平。卵孔不明显，其中，伸达卵孔的纵棱有11～13条，纵棱分2岔和3岔而到达底部，中部通常为25～29条。纵棱间有横道18～20条（图3-14）。

图3-13　成虫

图3-14　卵

3. 幼虫

幼虫共6龄，老熟幼虫体长40～45mm。头部黄绿色，生有不规则的网状纹。气门线白色或黄白色，体背面有10余条细纵线，各腹节上有刚毛瘤12个，刚毛较长。幼虫体色多变，有浅红色、黄白或黄褐色、浅绿色、墨绿色以及其他色泽的虫体（图3-15）。

4. 蛹

纺锤形，赤褐色，体长17～20mm。腹部5～7节背面和腹面前缘有7～8排较稀疏的半圆形刻点。腹部末端钝圆，有臀棘2个（图3-16）。

图3-15　黄褐色幼虫

图3-16　蛹

（三）发生规律

我国各地发生的代数不同，东北、西北、华北北部每年3代，黄淮流域4代，长江流域4～5代，华南6～8代。以滞育蛹在土层中做土茧越冬。

在黄淮流域，9月下旬至10月中旬老熟幼虫入土，在5～15cm深处筑土茧化蛹越冬。棉铃虫主要越冬场所在棉田、玉米田，其次为菜地和杂草地。翌年4月下旬至5月中旬，当气温升至15℃以上时，越冬代成虫羽化。1代幼虫主要为害春玉米、小麦、豌豆、苜蓿、番茄等作物，麦田发生最多。6月上旬和中旬入土化蛹，6

月中旬和下旬1代成虫盛发，大量成虫迁入棉田产卵。2代和3代幼虫主要为害棉花，也为害玉米、蔬菜等作物。8月下旬至9月发生4代幼虫，蛀食棉铃、夏玉米果穗、高粱穗部。通常9月下旬以后陆续进入越冬。

在甘肃河西走廊，玉米田棉铃虫1年发生3代，以蛹在玉米田土壤中越冬。越冬代成虫以本地虫源为主，还有来自外地的虫源。外地虫源比本地虫源发生期早30天左右。2代幼虫为害玉米最重，始卵期在7月中旬，正值玉米处于大喇叭口期至抽雄初期。卵盛期在7月下旬，处于开花授粉阶段，卵终见期为8月上旬。孵化后的幼虫1～4龄幼虫以取食花丝为主，5～6龄幼虫以蛀食果穗幼嫩籽粒为主。

成虫吸食花蜜，在夜间活动，白天隐蔽。有趋光性，杨树枝对成蛾的诱集力强。在玉米上，卵多产于吐出不久的花丝上和刚抽出的雄花序上，也产于苞叶、叶片和叶鞘上。每雌可产卵100～200粒。卵散产，每处1～5粒不等。初龄幼虫取食嫩叶、幼嫩的花丝和雄花，3龄以后多食害果穗，幼虫有转株为害习性。末龄幼虫入土化蛹。

棉铃虫属喜温喜湿性害虫，成虫产卵适温在23℃以上、20℃以下很少产卵。幼虫发育以25～28℃和相对湿度75%～90%最为适宜。在北方尤以湿度的影响最为显著。月降水量在100mm以上，相对湿度70%以上时为害严重。但雨水过多会造成土壤板结，不利于幼虫入土化蛹，蛹的死亡率也增高。暴雨可冲掉棉铃虫卵，对其也有抑制作用。

水肥条件好、长势旺盛的棉田、玉米田，间作、套种的玉米田都适于棉铃虫发生。近年麦、棉套种面积增加，对4代棉铃虫发生十分有利，为翌年棉铃虫发生提供了较多的虫源。

棉铃虫的天敌较多，有赤眼蜂、绒茧蜂、茧蜂、姬蜂、寄蝇、蜘蛛、草蛉、瓢虫、螳螂、小花蝽等60多种，这些天敌有明显的自然控制作用。

（四）防治方法

棉铃虫为害的作物种类多，虫源转移关系复杂，防治工作应统筹安排。玉米田在发虫量很少时，可结合其他害虫的防治予以兼治。当发虫量增多时，或玉米田在当地棉铃虫虫源转移中起重要作用时，需采取针对性防治措施。

1. 农业防治

玉米收获后及时耕翻耙地，实行冬灌，消灭棉铃虫的越冬蛹。在棉田种植春玉米诱集带，诱集棉铃虫成虫产卵，及时捕蛾灭卵，在玉米地边也可种植洋葱、胡萝卜等诱集植物。在成虫发生期设置诱虫灯、性诱剂、杨树枝把等诱杀成虫。

2. 药剂防治

抓住施药关键期，在棉铃虫幼虫3龄以前施药。用于喷雾的药剂有50%辛硫磷乳剂1 000～1 500倍液、44%丙溴磷乳油1 500倍液、45%丙溴·辛硫磷乳油1 000～1 500倍液、44%氯氰·丙溴磷乳油2 000～3 000倍液、2.5%氯氟氰菊酯乳油2 000倍液、4.5%高效氯氰菊酯乳油1 500～2 000倍液、43%辛·氟氯氰乳油1 500倍液、15%茚虫威悬浮剂4 000～5 000倍液、75%硫双威可湿性粉剂3 000倍液、5%氟铃脲乳油2 000～3 000倍液、5%氟虫脲乳油1 000倍液，或用1.8%阿维菌素4 000～5 000倍液等。喷药需在早晨或傍晚进行，喷药要细致周到。长期使用单一品种农药，可使棉铃虫的抗药性增强，防治效果下降，因此，要合理轮换交替用药。

3. 生物防治

要保护和利用天敌，施用杀虫剂时，要选择对天敌杀伤较轻的品种、剂型或施药方法。在棉铃虫卵盛期，可人工释放赤眼蜂（每亩1.5万～2万只）。在卵高峰期至幼虫孵化盛期可喷布苏云金杆菌制剂或棉铃虫核多角体病毒制剂。喷施棉铃虫核多角体病毒制剂时，若使用含量为10亿PIB/g的制剂（PIB，多角体的英文缩写，用以表示病毒浓度的单位），每亩用药量为100g左右；使用含量为600亿PIB/g的制剂，每亩用药量为2g左右，均加水稀释后，进行常规喷雾或弥雾机喷雾。

三、桃蛀螟

（一）为害特征

桃蛀螟，又名桃蠹、桃斑蛀螟，俗称蛀心虫、食心虫，在国内分布普遍，以河北省至长江流域以南的桃产区发生最为严重。寄主广泛，除为害桃、苹果、梨等多种果树的果实外，还可为害玉米、高粱、向日葵等。该虫为害玉米雌穗，以啃食或蛀食籽粒为主（图3-17、图3-18），也可钻蛀穗轴、穗柄及茎秆（图3-19）。有群居性，蛀孔口堆积颗粒状的粪屑（图3-20）。可与玉米螟、棉铃虫混合为害，严重时整个雌穗都被毁坏。被害雌穗较易感染穗腐病。茎秆、雌穗柄被蛀后遇风易折断。

（二）形态特征

1. 成虫

体长12mm，翅展22～25mm；体黄色，翅上散生多个黑斑，类似豹纹（图3-21）。

图3-17　啃食玉米籽粒

图3-18　玉米为害症状

图3-19　为害茎秆

图3-20　排出的颗粒状粪屑

图3-21　玉米螟成虫

2. 卵

椭圆形，长0.6mm，宽0.4mm，表面粗糙，有细微圆点，初时乳白色，后渐变橘黄至红褐色。

3. 幼虫

体长22～25mm，体色多暗红色，也有淡褐、浅灰、浅灰蓝等色。头、前胸盾片、臀板暗褐色或灰褐色，各体节毛片明显，第1～8腹节各有6个灰褐色斑点，前面4个、后面2个，呈两横排列（图3-22）。

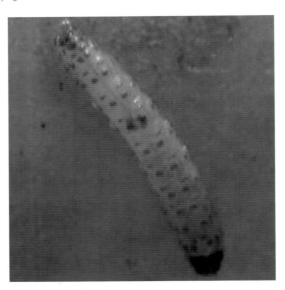

图3-22　玉米螟幼虫

4. 蛹

长14mm，褐色，外被灰白色椭圆形茧。

（三）发生规律

桃蛀螟一年发生2~5代，世代重叠严重。以老熟幼虫在玉米秸秆、叶鞘、雌穗中、果树翘皮裂缝中结厚茧越冬，翌年化蛹羽化，成虫有趋光性和趋糖蜜性，卵多散产在穗上部叶片、花丝及其周围的苞叶上，初孵幼虫多从雄蕊小花、花梗及叶鞘、苞叶部蛀入为害，喜湿，多雨高湿年份发生重，少雨干旱年份发生轻。卵期一般6~8天，幼虫期15~20天，蛹期7~9天，完成一个世代需1个多月。第一代卵盛期在6月上旬，幼虫盛期在6月上中旬；第二代卵盛期在7月上中旬，幼虫盛期在7月中下旬；第三代卵盛期在8月上旬，幼虫盛期在8月上中旬。幼虫为害至9月下旬陆续老熟，转移至越冬场所越冬。

（四）防治方法

1. 农业防治

秸秆粉碎还田，消灭秸秆中的幼虫，减少越冬幼虫基数。

2. 物理防治

在成虫发生期，采用频振式杀虫灯、黑光灯、性诱剂或用糖醋液诱杀成虫，以减轻下代为害。

3. 药剂防治

药剂防治参见"玉米螟"。

四、黏虫

（一）为害特征

黏虫是农作物的主要害虫之一，具有多食性和暴食性，主要为害玉米、高粱、谷子、麦类、水稻、甘蔗等禾本科作物和禾草，大发生时也为害棉花、麻类、烟草、甜菜、苜蓿、豆类、向日葵及其他作物。

黏虫是食叶性害虫，1~2龄幼虫聚集为害，在心叶或叶鞘中取食，啃食叶肉残留表皮，造成半透明的小条斑（图3-23、图3-24）。3龄后食量大增，开始啃食叶片边缘，咬成不规则缺刻。5~6龄幼虫为暴食阶段，可将叶肉吃光，仅剩主脉，果穗秃尖，籽粒干瘪，造成减产或绝收（图3-25、图3-26）。

图3-23　黏虫取食的叶片

图3-24　黏虫为害状

图3-25　中期为害症状

图3-26　后期为害症状

（二）形态特征

黏虫属鳞翅日夜蛾科，有成虫、卵、幼虫、蛹等虫态。

1. 成虫

为浅黄褐色至浅灰褐色的蛾子。雌蛾体长18～20mm，翅展42～45mm，雄蛾体长16～18mm，翅展40～41mm。前翅浅黄褐色，有闪光的银灰色鳞片。前翅中央稍近前缘处有2个近圆形的黄白色斑，中室下角有1个小白点，其两侧各有1个黑点，从翅顶角至后缘末端1/3处有1条暗褐色斜纹，延伸至翅的中央部分后即消失。前翅外缘有7个小黑点。后翅基部灰白色，端部灰褐色（图3-27）。雌蛾体色较浅，有翅缰3根，腹部末端尖，有生殖孔。雄蛾体色较深，前翅中央的圆斑较明显，翅缰只有1根，腹部末端钝，稍压腹部，露出1对抱握器。

图3-27　成虫

2. 卵

卵粒馒头形，有光泽，直径约0.5mm，表面有网状脊纹，初为乳白色，渐变成黄褐色，将孵化时为灰黑色。卵粒排列成行或重叠成堆。

3. 幼虫

幼虫6龄，各龄头壳宽度与体长渐增大。老熟时体长36mm左右。头部棕褐色，沿蜕裂线有褐色丝纹，呈"八"字形。体色多变，有浅黄绿色、黄褐色、黑绿色、黑褐色、褐色等（图3-28至图3-30），全身有5条纵行暗色较宽的条纹，腹部圆筒形，两侧各有2条黄褐色至黑色（图3-31），上下镶有灰白色细线的宽带，腹足基节有阔三角形黄褐色或黑褐色斑。

图3-28　浅黄绿色幼虫

图3-29　黄褐色幼虫

图3-30　黑褐色幼虫

图3-31　幼虫侧面观

4. 蛹

蛹体长约19mm，前期红褐色，腹部5～7节背面前缘各有1排横齿状刻点。尾端有臀棘4根，中央2根较为粗大，其两侧各有细短而略弯曲的刺1根。在发育过程中，复眼与体色有明显变化，由红褐色渐变为褐色至黑色（图3-32）。

图3-32　蛹

（三）发生规律

玉米黏虫一年发生世代数全国各地不一，东北、内蒙古等省区1年发生2～3代，华北中南部3～4代，江苏省淮河流域4～5代，长江流域5～6代，华南6～8代。海拔1 000m左右高原1年发生3代，海拔2 000m左右高原则发生2代，各省（区）由于地势不同，世代数也有一些变化。

玉米黏虫属迁飞性害虫，其越冬分界线在北纬33°一带，在33°以北地区任何虫态均不能越冬。在江西省、浙江省一带，以幼虫和蛹在稻桩、田埂杂草、绿肥田、麦田表土下等处越冬。在广东省、福建省南部终年繁殖，无越冬现象。北方春季出现的在大量成虫系由南方迁飞所至。

（四）防治方法

1. 人工诱虫、杀虫

从成虫羽化初期开始，在田间设置糖醋液诱虫盆，诱杀尚未产卵的成虫。糖醋液配比为红糖3份、白酒1份、食醋4份、水2份，加90%晶体敌百虫少许，调匀即可。配置时先称出红糖和敌百虫，用温水溶化，然后加入醋、酒。诱虫盆要高出作物30cm左右，诱剂保持3cm深，每天早晨取出蛾子，白天将盆盖好，傍晚开盖，5～7天换诱剂1次。

还可用杨枝把或草把诱虫。取几条1～2年生叶片较多的杨树枝条，剪成约60cm长，将基部扎紧，就制成了杨枝把。将其阴干1天，待叶片萎蔫后便可倒挂在木棍或竹竿上，插在田间，在成虫发生期诱蛾。小谷草把或稻草把也用于诱蛾，每亩地插60～100个，可在草把上洒糖醋液，每5天更换1次，换下的草把要烧毁。

成虫趋光性强，在成虫交配产卵期，在田间安置杀虫灯，灯间距100m，在夜间诱杀成虫。

在卵盛期，可顺垄人工采卵，连续进行3～4遍。在大发生年份，如幼虫虫龄已大，可利用其假死性，击落捕杀或挖沟阻杀，防止幼虫迁移。

2. 药剂防治

根据虫情测报，在幼虫3龄前及时喷药。用苯甲酰脲类杀虫剂有利于保护天敌。20%除虫脲悬浮剂每亩用10mL，25%灭幼脲悬浮剂每亩用25～30g，常量喷雾加水75kg，用弥雾机喷药加水12.5kg，配成药液施用。

喷雾法施药还可用80%敌百虫可溶性粉剂1 000～1 500倍液、80%敌敌畏乳油2 000～3 000倍液、50%马拉硫磷乳油1 000～1 500倍液、50%辛硫磷乳油1 000～1 500倍液、20%灭多威乳油1 000 ~ 1 500倍液、2.5%溴氰菊酯乳油3 000 ~ 4 000倍液或25%氧乐·氰乳油2 000倍液等。

喷粉法施药可用2.5%敌百虫粉剂，每亩喷2 ~ 2.5kg。还可用50%辛硫磷乳油0.7kg，加水10kg稀释后拌入50kg煤渣颗粒，顺垄撒施。

五、蚜虫

（一）为害特征

蚜虫是玉米的重要害虫，在为害玉米的多种蚜虫中，以玉米蚜和禾谷缢管蚜最常见。玉米蚜又名玉米缢管蚜，禾谷缢管蚜又名粟缢管蚜或小米蚜，都分布在全国各地，可为害玉米、谷子、高粱、麦类、水稻等禾本科作物及多种禾本科草。

成、若蚜群聚玉米叶片、叶鞘、雄穗、雌穗苞叶等处（图3-33至图3-35），刺吸植物组织的汁液，引致叶片等受害部位变色，生长发育受抑，严重时植株枯死。玉米蚜虫还分泌蜜露，使受害部位"起油"发亮，后生霉变黑（图3-36）。蚜虫可传播玉米矮花叶病毒和大麦黄矮病毒等重要植物病毒。

图3-33　聚集在叶片的蚜虫

图3-34　聚集在苞叶的蚜虫

图3-35　聚集在雄穗的蚜虫

图3-36　生霉变黑

（二）形态特征

玉米蚜和禾谷缢管蚜都属于同翅目蚜科，田间常见无翅孤雌蚜和有翅孤雌蚜。

1. 玉米蚜

（1）无翅孤雌蚜。长卵形，体长1.8～2.2mm，宽约1mm。体绿色，披白色薄粉。触角、喙、足、腹管、尾片黑色。触角6节，长度短于体长的1/3。复眼红褐色。喙粗短，不达中足基节。腹部7节毛片黑色，8节具背中横带，与缘斑相接。腹部两侧都有黑色腹斑。腹管长圆筒形，长度为尾片的1.5倍，端部收缩，具覆瓦状纹。其尾片圆锥状，有毛4～5根（图3-37）。

（2）有翅孤雌蚜。体长卵形，长1.6～1.8mm，头、胸黑色，腹部深绿色。触角6节，长度约为体长的一半，3节上有圆形次生感觉圈12～19个。腹部2～4节各具1对大型缘斑，6～7节上有背中横带，7节有小缘斑，8节的中带贯通全节。

图3-37　玉米蚜的无翅孤雌蚜

2. 禾谷缢管蚜

（1）无翅孤雌蚜。体长1.9mm，宽卵形，橄榄绿至黑绿色，嵌有黄绿色纹，被有白色薄粉。复眼黑色。中额瘤隆起。触角6节，黑色，长度为体长的70%。喙粗壮，较中足基节长，长是宽的2倍。腹管黑色，圆筒形，为体长的14%，端部

图3-38　禾谷缢管蚜无翅孤雌蚜

缢缩瓶颈状，有瓦纹，基部四周具锈色纹。尾片长圆锥形，中部收缩，具曲毛4根（图3-38）。

（2）有翅孤雌蚜。体长2.1mm，长卵形。头、胸黑色，腹部深绿色，腹部2～4节有大型缘斑，7～8腹节背中有横带，节间斑黑色。触角长度短于体长，3节具圆形次生感觉圈19～30个，4节有2～10个感觉圈。前翅中脉三分叉，前2条分叉甚小。腹管圆筒形，黑色，短，端部缢缩瓶颈状（图3-39）。

图3-39　禾谷缢管蚜有翅孤雌蚜

（三）发生规律

1. 玉米蚜

在华北1年可繁殖20代左右，以成、若蚜在冬小麦或禾草心叶内越冬。春季3月，温度回升到7℃左右时开始活动，随着小麦植株生长而向上部移动，集中在新产生的心叶内繁殖为害，抽穗后大都迁移到无效分蘖上为害，很少在穗部为害。4月下旬至5月上旬，陆续产生大批有翅蚜，迁往玉米、高粱、谷子或禾草上繁殖。春玉米抽雄后，多集中在雄穗上为害，乳熟后又转移到夏玉米上。9—10月夏玉米老熟，又产生大量有翅蚜，迁移到向阳处禾草上和冬小麦麦苗上，繁殖1~2代后越冬。

在黑龙江省，玉米蚜1年发生10代左右，以成、若蚜在禾本科植物心叶、叶鞘内或根际越冬。5月底至6月初产生大批有翅蚜，迁飞到玉米上为害，8月上旬和中旬为为害盛期。

在长江流域，1年发生20多代，以成、若蚜在大麦、小麦或禾草心叶内越冬。春季3—4月开始活动为害，4—5月麦类黄熟后产生大量有翅蚜，迁往春玉米、高粱、水稻田持续繁殖为害。春玉米乳熟期以后，又产生有翅蚜，迁往夏玉米上繁殖为害。秋末产生有翅蚜迁往小麦或其他越冬寄主。

玉米蚜终生营孤雌生殖，虫口数量快速增多。高温干旱年份发生较多。在玉米生长中后期，旬均温23~28℃，旬降水量低于20mm时，有利于玉米蚜猖獗发生。

2. 禾谷缢管蚜

1年发生10~20代。在北方寒冷地区，禾谷缢管蚜生活史为异寄主全周期型。以受精卵在稠李、桃、李、梅、榆叶梅等李属植物（第一寄主）上越冬，翌年春季越冬卵孵化为干母，以后干母胎生无翅雌蚜，即干雌。干雌繁殖几代后，产生有翅雌蚜。初夏，有翅雌蚜乔迁到禾本科植物（第二寄主）上繁殖为害，持续孤雌生殖，产生无翅孤雌蚜和有翅孤雌蚜。寄主衰老后，产生有翅蚜（性母），迁回越冬寄主，性母产生雌、雄性蚜，两者交配后产卵越冬。

在我国中部、南部各麦区，禾谷缢管蚜不产生有性蚜，全年在禾本科植物上孤雌生殖，属不全周期生活史。在冬麦区或冬麦、春麦混种区，秋末冬小麦出苗后，为害秋苗，继而以无翅孤雌成蚜和若蚜在麦苗根部、近地面叶鞘和土缝内越冬，若天气暖和仍可活动，春季继续为害小麦，麦收后转移到玉米、谷子、糜子、自生麦苗、禾本科草上为害。秋季迁回麦田繁殖为害。

禾谷缢管蚜在30℃左右发育最快，不耐低温，在1月平均气温为−2℃的地方就不能越冬。喜高湿，不耐干旱，不适于在年降水量低于250mm的地区发生。

（四）防治方法

蚜虫的防治应兼顾各种寄主作物，统筹安排。

1. 农业防治

及时清除田埂、地边杂草与自生麦苗，减少蚜虫越冬和繁殖场所。搞好麦田蚜虫防治，减少虫源。发生严重的地区，可减少夏玉米的播种面积。玉米自交系、杂交种间抗蚜性有明显差异，应尽量选用抗蚜自交系与杂交种。

2. 药剂防治

要慎重选择防治药剂，应用对天敌安全的选择性药剂，如抗蚜威、吡虫啉、生物源农药等。要改进施药技术，调整施药时间，减少用药次数和数量，避开天敌大量发生时施药。根据虫情，挑治重点田块和虫口密集田，尽量避免普治，以减少对天敌的伤害。

防治玉米蚜，在玉米心叶期发现有蚜株后即可针对性施药，有蚜株率达到30%～40%，出现"起油株"时应进行全田普治。防治蚜虫的有效药剂较多，要轮换使用，防止蚜虫产生抗药性。常用药剂和每亩用药量如下：50%抗蚜威可湿性粉剂10～15g、10%吡虫啉可湿性粉剂20g、24%抗蚜·吡虫啉可湿性粉剂20g、40%毒死蜱乳油50～75mL、25%吡蚜酮可湿性粉剂16～20g、3%啶虫脒可湿性粉剂10～20g（南方）或30～40g（北方）、2.5%

高渗高效氯氰菊酯乳油25～30mL、4.5%高效氯氰菊酯40mL。皆加水30～50kg常量喷雾，也可加水15kg，用机动弥雾机低容量喷雾。

六、蓟马

（一）为害特征

蓟马为害多种禾本科作物和禾草。夏玉米区广泛采用免耕技术，小麦收获后带茬播种玉米，原先在小麦和麦田杂草上为害的蓟马，得以及时转移到玉米幼苗上为害，致使苗期蓟马为害加重。为害玉米的重要种类有禾蓟马、玉米黄呆蓟马和稻管蓟马等。

成虫、若虫（1～2龄）为害叶片等幼嫩部位（图3-40），以锉吸式口器锉破植物表皮，吸取汁液。禾蓟马和稻管蓟马首先在叶片正面取食，玉米黄呆蓟马首先在叶片背面取食。受害的叶片出现断续或成片的银白色条斑，有时还伴随小点状虫粪，严重时叶背如涂抹一层银粉，叶片端半部变黄枯干（图3-41）。蓟马喜在喇叭口内取食，受害心叶发黄，不能展开（图3-42），卷曲或破碎。严重受害株矮化（图3-43），生长停滞，大批死苗。

图3-40　蓟马为害叶片状

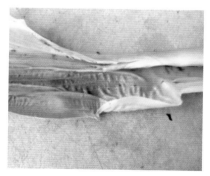
图3-41　叶片端半部变黄枯干

图3-42　叶片不能展开

图3-43　受害株矮化

（二）形态特征

蓟马为缨翅目微小昆虫，过渐变态，有成虫、卵、若虫等虫态。成虫（图3-44）体细长，口器锉吸式，有复眼和3个单眼，触角线状，略呈念珠状，末端几节尖锐。两对翅狭长，边缘生有长而整齐的缨状缘毛。翅脉最多只有2条纵脉。足的末端有泡状中垫，爪退化。卵很小，肉眼看不见。若虫4龄或5龄，与成虫相似（图3-45）。1～2龄若虫没有翅芽，3龄出现翅芽。3龄以后不食不动，最后1龄若虫也被称为"拟蛹"或"蛹"。

禾蓟马和黄呆蓟马属于锯尾亚目蓟马科，雌虫腹部末端圆锥形，生有锯状产卵器，雄虫腹部末端阔而圆，通常有翅。前翅大，有翅脉。稻管蓟马属于管尾亚目管蓟马科，腹部末节管状，后端较狭，生有较长的刺毛，翅表面光滑，前翅没有脉纹，无产卵器。

1. 禾蓟马

雌成虫体长1.3～1.4mm，灰褐至黑褐色，中后胸带黄褐色。头长于前胸，两颊平行，触角8节，较瘦细，3节通常长为宽的3倍，3节、4节黄色，其余各节灰褐色。雄虫灰黄色，小于雌虫，触角5～8节灰黑色，其余黄色。腹部3～7节腹片上各有一近似哑铃形的腺域。

图3-44 蓟马成虫

图3-45 蓟马若虫

2.玉米黄呆蓟马

雌成虫分长翅型、半长翅型和短翅型。长翅型雌成虫体长1.0～1.2mm，暗黄色，胸部和腹背（端部数节除外）有暗黑色区域。触角8节，触角1节浅黄色，2～4节黄色，5～8节灰黑色。前翅浅黄色，长而窄，翅脉少但显著，缘缨长。半长翅型的前翅长达腹部5节，短翅型前翅短小，为长三角形芽状。

3.稻管蓟马

雌成虫体长1.4～1.7mm，黑褐色至黑色，略具光泽。头部长方形，复眼后有1对长鬃。触角8节，3～5节色浅，3节黄色，其余各节褐色。翅2对，翅缘有缨毛。前翅透明，中部收缩，端圆，无脉。腹部10节，腹部末端延长成尾管，管长为头长的3/5，管的末端有长鬃6根。各足跗节黄色。雄成虫较雌虫细小，前足腿节膨大，跗节具三角形齿状突起（雌成虫无此齿突）。

（三）发生规律

禾蓟马1年发生10代左右，以成虫在禾本科杂草根基部和枯叶内越冬。成虫常随作物生育期更替而在不同寄主间辗转为害。春季玉米出苗后就可遭受为害。成虫、若虫活泼，喜在喇叭口内取食，多群集在幼苗心叶中，借飞翔、爬行或流水传播。被害玉米心叶两侧可变成薄膜状，叶片展开后即破碎或断开。该虫适于在郁蔽潮湿的环境中存活，大雨后虫口数量锐减。

玉米黄呆蓟马在山东省以成虫在禾本科杂草根基部和枯叶内越冬，春季先在麦类作物和杂草上繁殖为害，5月中旬和下旬迁向玉米，在玉米上繁殖2代，行孤雌生殖。在玉米苗期和心叶末期（大喇叭口期）发虫量大，抽雄后数量显著下降。以成虫和1～2龄若虫为害。行动迟钝，不活泼。卵产在叶片组织内，3龄后停止取食，隐藏于植株基部叶鞘、枯叶内或掉落在松土内发育成（拟）蛹。降水偏少，气温偏高，有利于黄呆蓟马发生。干旱少雨和覆盖麦糠是夏播玉米田黄呆蓟马猖獗的主要诱因。

稻管蓟马为水稻的重要害虫，也广泛为害玉米、小麦、薏苡和禾本科杂草。1年发生8代左右，以成虫越冬。在水稻整个生育期均有发生，在生育前期为害叶片，成虫有强烈的趋花性，为害花器与穗粒，导致颖壳畸形，不结实。在黄淮海夏玉米区严重为害夏玉米幼苗。

（四）防治方法

1. 农业防治

实行合理的轮作倒茬，减少麦田套种玉米，清除田间杂草和自生苗，破坏其越冬场所，减少越冬虫源。选用抗虫、耐虫品种，适时播种，使玉米苗期尽量避开蓟马迁移或为害高峰期。要合理密植，适时灌水施肥，喷施叶面肥，促进玉米早发快长，减轻受害。

2. 药剂防治

有人提出玉米苗期蓟马虫株率40%～80%，百株虫量达300～800只，应及时进行药剂除治，可参考。有效药剂有10%吡虫啉可湿性粉剂2 000～2 500倍液、40.7%毒死蜱乳油1 000～1 500倍液、80%敌敌畏乳油1 000倍液、90%晶体敌百虫1 500～2 000倍液、10%溴虫腈悬浮剂2 000倍液、20%吡·唑乳油2 000倍液、4%阿维·啶虫乳油3 000倍液等。喷药要周到，需将药液喷到玉米心叶内。另外，用60%吡虫啉悬浮种衣剂拌种，防效也好。

七、灰飞虱

（一）为害特征

灰飞虱是同翅目飞虱科害虫。灰飞虱的寄主广泛，除玉米外，也为害水稻、麦类、高粱、谷子等禾谷类作物及多种禾本科草。

灰飞虱成、若虫均以口器刺吸玉米汁液为害，一般群集于玉米丛中上部叶片（图3-46），近年发现部分玉米穗部受害也较严重，虫口大时，玉米株汁液大量丧失而枯黄，同时，因大量蜜露洒落附近叶片或穗子上而孳生真菌。灰飞虱能传播玉米条纹矮缩病毒、水稻黑条矮缩病毒（引起玉米粗缩病）等多种植物病毒（图3-47）。

图3-46　灰飞虱为害玉米

图3-47　灰飞虱为害引起的
玉米粗缩病

（二）形态特征

灰飞虱体小型，能跳跃，口器刺吸式，后足胫节末端有一显著的距，扁平，能活动。触角短，锥形。翅透明，多有长翅型和短翅型两种类型。有成虫、卵、若虫等虫态。

灰飞虱成虫有长翅型（图3-48）和短翅型两种类型。长翅型体长（连翅）雄虫3.5mm，雌虫4.0mm；短翅型体雄虫2.3mm，雌虫2.5mm。头顶与前胸背板黄色雌虫则中部淡黄色，两侧暗褐色。前翅近于透明，具翅斑。胸、腹部腹面雄虫为黑褐色，雌虫色黄褐色，

图3-48　长翅型成虫

足皆淡褐色。

灰飞虱卵为长卵圆形，弯曲。初产时乳白色，后渐变灰黄色，孵化前在较细一端出现1对紫红色眼点。卵粒成簇或成双行排列，卵帽稍露出产卵痕，像鱼卵。

灰飞虱若虫共5龄。3~5龄若虫体灰黄至黄褐色，腹部背面有灰色云斑。3腹节和4腹节各有1对"八"字形浅色斑纹（图3-49）。

图3-49 若虫

（三）发生规律

灰飞虱在北方1年发生4~5代，长江流域5~6代，福建7~8代。在北方多以3~4龄若虫在麦田内或在杂草丛中越冬。南方成虫、若虫都可越冬。在陕西省关中麦区1年约发生5代，以成虫在麦株基部土缝内越冬，春季3月上旬开始活动，在麦田繁殖，5—6月随着小麦黄熟而转移到玉米、高粱、谷子等作物田内，或迁往田边，渠岸杂草上。10月冬小麦出苗后又迁到麦田，为害一段时间后进入越冬。

灰飞虱耐低温能力较强，对高温适应性较差，不耐夏季高温，其生长发育的适宜温度为23~25℃。在冬暖夏凉的条件下可能大发生。长翅型成虫有趋光性和趋嫩绿性。田间杂草丛生，有利于灰飞虱取食繁殖。麦田套种玉米，苗期正值1代灰飞虱成虫迁飞盛期，受害严重。飞虱有趋湿性，田间低洼潮湿，杂草密度大，发虫量激增。夏、秋多雨年份杂草茂盛，有利于灰飞虱越夏和繁殖，冬暖有利于灰飞虱越冬，皆增加虫口数量。

（四）防治方法

1. 种衣剂拌种

在玉米、水稻、大蒜等播种前，可用35%噻虫嗪悬浮种衣剂按照药种比1：100拌种，或用60%吡虫啉悬浮种衣剂按照药种比1：300拌种，可有效防治灰飞虱的为害，有效期可大90天左右。

2. 土壤处理

在大蒜、玉米等旱地作物播种或移栽时，可用5%噻虫嗪颗粒剂撒施或穴施，每亩2~4kg。也可有效防治灰飞虱的为害，有效期长达60~80天。

3. 药剂防治

对发生初期的早播玉米、套播玉米、夏直播玉米、大蒜和稻田及秧田都要防治。防治药剂可亩用80%吡蚜酮烯啶虫胺水分散粒剂8~10g喷雾防治，或用22%氟啶虫胺腈悬浮剂10g喷雾防治，同时，注意田边、沟边喷药防治。有效期可达15天左右。

八、叶蝉

（一）为害特征

叶蝉是多食性害虫，除玉米外，还严重为害水稻、麦类、高粱、谷子、甘蔗等作物及禾本科草。

成虫和若虫用刺吸式口器在叶片、茎秆等部位刺破表皮，吸食汁液，分泌毒素。玉米被害叶面有多数细小白斑（图3-50）。幼苗严重受害时，叶片满布白斑，一片苍白，有时还发黄卷曲，甚至枯死。三点斑叶蝉初期沿玉米叶脉吸食汁液（图3-51），叶片出现零星小白点，以后斑点布满叶片，有时还出现紫红色条斑，受害严重时叶片干枯死亡。叶蝉可传播多种植物病毒。

　　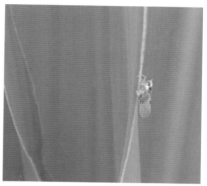

图3-50　叶片布满细小白斑　　　图3-51　玉米三点斑叶蝉吸食汁液

（二）形态特征

玉米田叶蝉种类繁多，有大青叶蝉、三点斑叶蝉、条沙叶蝉、黑尾叶蝉、白边大叶蝉、二点叶蝉、电光叶蝉、小绿叶蝉等，以大青叶蝉和三点斑叶蝉最为常见。

1. 大青叶蝉

雌成虫体长9.4～10.1mm，雄虫体长7.2～8.3mm，青绿色。头部颜面浅褐色，两颊微青，在颊区近唇基缝处左右各有1个小黑斑。在触角窝上方，两单眼间有1对黑斑，复眼绿色。前胸背板浅黄绿色，前翅绿色，具青蓝色光泽，翅脉青黄色，后翅烟灰色，半透明。腹部背面蓝黑色，两侧及末节色浅。胸、腹部腹面及足橙黄色，后足胫刺基部黑色（图3-52）。

卵长圆筒形，中间稍弯曲，表面光滑，浅黄色。

若虫共5龄，初孵化时头大腹小，乳白色，取食2～6小时后变灰黑色，2龄若虫头冠部有2个黑斑，3龄后体色变草绿色，出现翅芽，胸腹部背面及两侧有4条暗褐色纵纹，4龄出现生殖节片，头冠前部两侧各有一组浅褐色弯曲的横纹。足乳黄色。5龄若虫在足的第二跗节中间显出缺纹，似为3节（图3-53）。

图3-52　大青叶蝉成虫

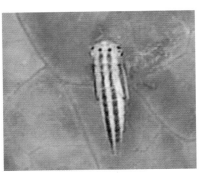

图3-53　大青叶蝉若虫

2. 三点斑叶蝉

成虫体长2.6～2.9mm，灰白色，头冠向前成钝圆锥形突出，头顶前缘区有浅褐色斑纹，倒"八"字形，前胸背板革质透明，中胸盾片上有3个椭圆形黑斑，在小盾片末端也有1个相似的黑斑。前、后翅白色透明，腹部背面具黑色横带。若虫5龄。

（三）发生规律

1. 大青叶蝉

大青叶蝉在北方每年发生2～3代，以卵在2～3年生苗木、树枝的表皮下越冬，在长江以南多以卵在禾本科杂草茎内越冬，在华南冬季存在各个虫态。在陕西省关中1年发生3代，翌年树木萌动时卵孵化，若虫迁移到附近小麦、蔬菜或杂草上为害。1～2代主要为害麦类、玉米、谷子、杂草等，3代成虫发生在9—11月，先为害秋作物和秋菜，后迁移到果树、林木上产卵越冬。各代发生不整齐，有世代重叠现象。

成虫有较强的趋光性和趋绿性，常群集，昼夜均可取食，常一边取食一边从尾端排泄透明蜜露。在低温天气或每日早、晚静止潜伏。成虫取食30天后才交尾产卵。卵产在寄主植物的茎秆、叶柄、叶脉、枝条皮层中。在玉米上，多于叶背主脉上刺一长形产卵口产卵。在苗木、枝条上产卵时，雌虫先用锯状产卵器刺破寄主植物表皮，形成月牙形产卵痕，产卵处表皮成肾形凸起。每头雌虫可产卵3～10块，卵粒50余粒。非越冬卵卵期9～15天，越冬卵卵期5个月以上。

2. 三点斑叶蝉

三点斑叶蝉分布于新疆维吾尔自治区，1年发生3代，以成虫在冬小麦或玉米田的枯叶残茬下以及禾本科杂草根际越冬。春季4月中旬左右越冬成虫先在冬麦和杂草上取食繁殖，5月中旬和下旬越冬代成虫开始产卵。1代成虫迁入玉米田，6月下旬为产卵高峰期，7月初2代若虫孵化，大多集中在玉米植株的下部叶片为害，7月下旬2代成虫羽化，产卵于玉米植株的中部叶片，8月中旬为3代若虫出现高峰期。9月下旬玉米收获，部分成虫迁移到杂草和冬麦田为害，10月以后越冬。2代和3代都发生在玉米田中，3代发生量最大，2代次之。

成虫群集，喜热，善飞，有趋光性。若虫活动范围不大，受到惊扰后横向爬行隐匿。三点斑叶蝉喜温热，温度21℃左右，湿度60%上下，有利于大发生。晚播玉米受害最重。

（四）防治方法

叶蝉寄主种类多，玉米田叶蝉的防治要与水稻、小麦和其他受害作物的防治相互协调与配合。

1. 农业防治

玉米或小麦收获后要及时耕翻灭茬，旱地深翻两遍后，耙松剔出根茬，同时，清除自生苗，铲除杂草，特别是禾本科杂草，以减少虫源。提倡与非禾本科作物进行轮作。在玉米生长期间，也要及时中耕，铲除田边、田间杂草。要合理密植，加强田间肥水管理。在叶蝉成虫发生期间，可设置黑光灯诱杀。

2. 药剂防治

叶蝉为害轻微时，不需要单独施药，可在防治其他害虫时予以兼治。在虫口密度较高时，需及时喷药防治，对于春季先在冬小麦和杂草上取食繁殖的种类，要先对麦田和杂草施药，减少进入玉米田的叶蝉数量。在玉米3～5叶期，可喷施10%吡虫啉可湿性粉剂2 500～3 000倍液，或用10%氯噻啉可湿性粉剂4 000倍液。氯噻啉是一种新烟碱类杀虫剂，毒性低，杀虫谱广，用于防治叶蝉、飞虱、蓟马、蚜虫、蝽虫等。

九、叶螨

（一）为害特征

为害玉米的叶螨主要有截形叶螨、二斑叶螨、朱砂叶螨3种。叶螨一般在抽穗后开始为害玉米，在发生早的年份，6叶期玉米即遭受为害。成蛾和若螨聚集在叶片背面，刺吸叶片中的养分，有吐丝结网的习性（图3-54）。

图3-54　聚集在叶片背面的叶螨

发病一般下部叶片先受害，逐渐向上蔓延。为害轻者叶片产生黄白斑点（图3-55），以后呈赤色斑纹；为害重者出现失绿斑块，叶片卷缩，呈褐色，如同火烧一样干枯（图3-56），叶片丧失光合作用，严重影响营养物质运输、生产制造，造成玉米籽粒产量和品质下降，千粒重降低。

图3-55　黄白斑点状

图3-56　大田为害症状

（二）形态特征

叶螨属于蜱螨目叶螨科，形体微小。成螨体多为椭圆形或菱形，有足4对。卵圆球形，表面光滑，初产卵无色透明，以后逐渐变为橙黄色或橙红色，孵化前出现红色眼点（图3-57）。卵孵化后产生幼螨，幼螨近圆形，体色透明或浅黄，取食后体色变绿，有3对足。幼螨脱皮后变为前若螨，前若螨再蜕皮变为后若螨，但雄螨仅有前若螨，蜕皮后变为成螨。若螨有4对足，与成螨相似。

图3-57　成螨和卵

（三）发生规律

叶螨主要营两性生殖，在缺乏雄螨时，也能进行孤雌生殖，每年可繁殖10代以上。

朱砂叶螨在北方1年发生10～15代，在长江流域及以南地区1

年发生15～20代。以雌成螨在作物和杂草根际或土缝里越冬。早春越冬成螨开始活动，取食产卵。春玉米出苗后就可受害，6月在春玉米和麦套玉米田常点片发生，7—8月常猖獗发生，春、夏玉米受害严重。朱砂叶螨在玉米叶背活动，先为害下部叶片，渐向上部叶片转移。在玉米植株上垂直扩散靠爬行，并以上迁为主，在株间迁移以吐丝飘移为主。卵散产在叶背中脉附近。气象条件和耕作制度对叶螨种群消长影响很大。其繁殖为害的最适温度为22～28℃，高温、干旱、少雨年份发生较重。大雨冲刷可使螨量快速减少。麦套玉米面积扩大，由于麦季食料充足，有利于叶螨的大量繁殖。

二斑叶螨每年繁殖10～20代，主要以受精的雌成螨群集越冬，越冬场所也是杂草根际、土缝内或棉田枯枝落叶下。春季出蛰后在杂草、春作物上取食产卵。玉米是二斑叶蛾的重要寄主。

（四）防治方法

1. 农业防治

秋收后清除田间玉米秸秆、枯枝落叶等植物残体，深翻土地，将土壤表层越冬虫体翻入深层致死。实行冬灌，早春清除田间地边和沟渠旁杂草，以减少叶螨越冬和繁殖存活的场所。在作物生长期间，适时进行中耕除草和灌溉。在玉米大喇叭期增施速效肥，增强抗螨能力，减轻损失。及时摘除玉米下部1～5片发虫叶片，带至田外烧毁。玉米要尽量避免与豆类、棉花、瓜菜等叶螨喜食作物间作套种，有条件的地方应推行水旱轮作。在重发生区应种植抗旱性强的抗螨玉米品种。

2. 药剂防治

可用40%氧化乐果800～1 500倍液加2.5%的高效氯氟氰菊酯

2 000～2 500倍，或加20％虫酰肼悬浮剂1 000～2 000倍液，或加15％哒螨灵乳油2 000～2 500倍液，或用1.8％阿维菌素3 000倍液喷洒植株，可兼治玉米蚜虫、灰飞虱等。

十、玉米叶夜蛾

（一）为害特征

玉米叶夜蛾又名甜菜夜蛾，分布广泛，寄主种类多达170余种，其中，包括玉米、高粱、谷子、甜菜、棉花、大豆、花生、烟草、苜蓿、蔬菜等。该虫具有暴发性，猖獗发生年份可造成重大损失，近年来有加重发生的趋势。

幼虫取食叶片。低龄幼虫在叶片上咬食叶肉，残留一侧表皮，成透明斑点，大龄幼虫将叶片吃成孔洞或缺刻（图3-58），严重的将叶片吃成网状。为害幼苗时，甚至可将幼苗吃光。

图3-58　玉米叶夜蛾为害玉米幼苗症状

（二）形态特征

玉米叶夜蛾属鳞翅目夜蛾科。该虫有成虫、卵、幼虫、蛹等虫态。

1. 成虫

体长10～14mm，翅展25～33mm，灰褐色。前翅中央近前缘的外侧有肾形纹1个，内侧有环形纹1个，肾形纹大小为环形纹的1.5～2倍，土红色。后翅银白色，略带紫粉红色，翅缘灰褐色（图3-59）。

图3-59　玉米叶夜蛾成虫

2. 卵

馒头形，白色，直径0.2～0.3mm。

3. 幼虫

老熟后体长22mm，体色变化较大，有绿色、暗绿色、灰绿色、黄褐色、褐色、黑褐色等不同颜色。气门下线为黄白色纵带，每节气门后上方各有1个明显的白点（图3-60）。

图3-60　玉米叶夜蛾幼虫

4. 蛹

体长10mm，黄褐色。

（三）发生规律

玉米叶夜蛾在华北1年发生3~4代，在陕西省、山东省、江苏省等地发生4~5代，长江流域发生5~6代，世代重叠。在长江以北以蛹在土室内越冬，在其他地区各虫态都可越冬，在亚热带和热带地区无越冬现象。

成虫白天潜伏在土缝、土块、杂草丛中及枯叶下等隐蔽处所。夜晚活动，成虫趋光性强，趋化性稍弱。卵产于叶片背面，聚产成块，卵块单层或双层，卵块上覆盖灰白色绒毛。幼虫5龄，少数6龄。3龄前群集叶背，吐丝结网，在内取食，食量小。3龄后分散取食，4龄后食量剧增。幼虫杂食性，昼伏夜出，畏阳光，受惊后卷成团，坠地假死。幼虫老熟后入土，吐丝筑室化蛹，化蛹深度多为0.2~2cm。

玉米叶夜蛾具有间歇性发生的特点，不同年份发虫量差异很大。玉米叶夜蛾对低温敏感，抗旱性弱。不同虫期的抗寒性又有差异，蛹期和卵期抗寒性稍强，成虫和幼虫抗寒性更弱。成虫在0℃条件下，几天甚至几小时后死亡，幼虫在2℃时几天后大量死亡。若以抗寒性弱的虫期进入越冬期，冬季又长期低温，则越冬死亡率高，翌年春季发虫少。

（四）防治方法

1. 诱杀成虫

在成虫数量开始上升时，可用黑光灯、高压汞灯或糖醋液诱杀成虫。也可利用玉米叶夜蛾性诱剂诱杀雄虫。

2. 农业防治

铲除田边地头的杂草，减少滋生场所；化蛹期及时浅翻地，消灭翻出的虫蛹；利用幼虫假死性，人工捕捉，将白纸或黄纸平铺在垄间，震动植株，幼虫即落到纸上，捕捉后集中杀死；晚秋或初冬翻耕，消灭越冬蛹。

3. 药剂防治

大龄幼虫抗药性很强，应在幼虫2龄以前及时喷药防治。在卵孵化期和1~2龄幼虫盛期施药，用5%高效氯氰菊酯乳油1 500倍液与菊酯伴侣500~700倍液混合于傍晚喷雾。也可用2.5%氟氯氰菊酯乳油1 000倍液加5%氟虫脲乳油500倍液混合喷雾或10%氯氰菊酯乳油1 000倍液加5%氟虫脲乳油500倍液混合喷雾。晴天在清晨或傍晚施药，阴天全天都可施药。

对大龄幼虫或已经产生抗药性的幼虫，可用10%溴虫腈悬浮液1 000~1 500倍液、48%毒死蜱乳油1 000~1 500倍液、5%氯虫苯甲酰胺悬浮剂1 500倍液、15%茚虫威悬浮剂3 500倍液或20%氟虫双酰胺水分散粒剂2 500倍液等喷雾。

十一、二点委夜蛾

（一）为害特征

二点委夜蛾属鳞翅目夜蛾科，近几年麦秸大量滞留田间，为二点委夜蛾的发生为害提供有利条件，逐年加重发生。玉米苗期形成枯心苗，严重时直接蛀断（图3-61），整株死亡（图3-62）；拔节期造成玉米植株倾斜或侧倒（图3-63），减产严重。幼虫主要从玉米幼苗茎基部钻蛀到茎心后向上取食（图3-64），形成圆形或椭圆形孔洞（图3-65），钻蛀较深切断生长点时，心叶失水萎蔫，形成枯心苗（图3-66）；严重时直接蛀断，整株死亡；或取食玉米气生根系，造成玉米植株倾斜或侧倒。

图3-61　直接蛀断

图3-62　整株死亡

图3-63　幼虫取食

图3-64　圆形或椭圆形孔洞

图3-65　植株倾斜侧倒

图3-66　枯心苗

（二）形态特征

二点委夜蛾幼虫体长14～18mm，最长达20mm，黄黑色到黑褐色；头部褐色，额深褐色，额侧片黄色，额侧缝黄褐色；腹部背面有两条褐色背侧线，到胸节消失，各体节背面前缘具有一个倒三角形的深褐色斑纹（图3-67）；气门黑色，气门上线黑褐色，气门下线白色；体表光滑。有假死性，受惊后蜷缩成"C"字形。成虫（图3-68）体长10～13mm，灰褐色，前翅黑灰色，上有白点、黑点各1个。后翅银灰色，有光泽。

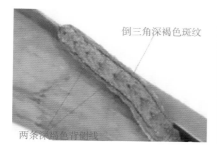

倒三角深褐色斑纹

两条深褐色背侧线

图3-67　二点委夜蛾幼虫

图3-68　二点委夜蛾成虫

（三）发生规律

二点委夜蛾在黄淮海小麦玉米连作区，1年发生4代，主要以做茧后的幼虫越冬，少数以蛹或未作茧的幼虫越冬。翌年3月越冬幼虫陆续化蛹。4月上旬和中旬成虫羽化。1～2代幼虫取食小麦、玉米为主，2代幼虫是为害夏玉米的主害代，从6月下旬和中旬开始，幼虫为害玉米幼苗，延续到7月上中旬。3代幼虫数量较少，栖息场所复杂，部分幼虫可继续在玉米田为害。

成虫喜于在麦套玉米田活动，昼伏夜出，白天隐藏在植株下部叶背、土缝间或地表麦秸下，有趋光性。成虫飞行或随气流扩散，飞翔高度1m上下，每次飞翔距离3～5m。卵多散产于玉米苗基部和附近土壤，1只雌虫能产卵300～2 000粒，产卵期持续约1个月。

幼虫有避光习性，在玉米根际还田的碎麦秸下或2～5cm深的表土层活动，白天隐蔽潜伏，夜间取食为害。有假死性，遇到惊扰后躯体弯曲成"C"形假死。有转株为害的习性。老熟幼虫在土中吐丝，黏结土粒做成土茧化蛹。田间幼虫虫龄不整齐，1～5龄幼虫可同期存在。老熟幼虫多在作物附近土表作茧化蛹。

二点委夜蛾喜好荫蔽、潮湿的环境。实行小麦秸秆还田后，麦秸、麦糠覆盖密度大的地块发生较重。棉田倒茬的玉米田比重茬玉米田发生严重，播种晚的田块比播种早的严重，田间湿度高的比湿度低的严重。

（四）防治方法

1. 农业防治

麦收后播前使用灭茬机或浅旋耕灭茬后再播种玉米，即可有效减轻二点委夜蛾为害，也可提高玉米的播种质量，苗齐苗壮。及时人工除草和化学除草，清除麦茬和麦秆残留物，减少害虫滋生环境条件；提高播种质量，培育壮苗，提高抗病虫能力。

2. 药剂防治

幼虫3龄前防治，最佳时期为出苗前（播种前后均可）。

（1）撒毒饵。每667m²用4～5kg炒香的麦麸或粉碎后炒香的棉籽饼，与对少量水的90%晶体敌百虫，或48%毒死蜱乳油500g拌成毒饵，在傍晚顺垄撒在玉米苗边。

（2）撒毒土。每667m²用80%敌敌畏乳油300～500mL拌25kg细土，早晨顺垄撒在玉米苗边，防效较好。

（3）灌药。随水灌药，用48%毒死蜱乳油1kg/667m²，在浇地时灌入田中。喷灌玉米苗，可以将喷头拧下，逐株顺茎滴药液，或用直喷头喷根茎部，药剂可选用48%毒死蜱乳油1 500倍液、30%乙酰甲胺磷乳油1 000倍液、2.5%高效氯氟氰菊酯乳油2 500倍液或4.5%高效氯氰菊酯1 000倍液等。药液量要大，保证渗到玉米根围30cm左右的害虫藏匿的地方。还可使用氯虫苯甲酰胺、菊酯类、甲维盐、茚虫威等。

十二、双斑萤叶甲

（一）病害特征

双斑跗萤叶甲又称双斑长跗萤叶甲。双斑萤叶甲为害作物叶片（图3-69、图3-70），在玉米上常咬断取食花丝（图3-71）、雄蕊、雌穗，影响玉米授粉结实（图3-72），一般造成玉米产量损失达15%左右。

双斑萤叶甲1年发生1代，以卵在土中越冬。5月开始孵化，自然条件下，孵化率很不整齐。幼虫全部生活在土中，一般靠近根部距土表3～8cm，以杂草根为食，尤喜食禾本科植物根。成虫7月初开始出现，7月上中旬开始增多，一直延续至10月，玉米雌穗吐丝盛期，亦是成虫盛发期，为害玉米。先顺叶脉取食叶肉，并逐渐转移到嫩穗上，取食玉米花丝，初灌浆的嫩粒。成虫有群聚为害习性，往往在一单株作物上自下而上取食，而邻近植株受害轻或不受害。

图3-69　为害叶片

图3-70　为害叶片症状

图3-71　为害花丝症状

图3-72　影响玉米授粉结实

（二）形态特征

双斑萤叶甲鞘有成虫、卵、幼虫、蛹4个发育阶段。

（1）成虫。长卵圆形，体长3.5～4.0mm。头、胸赤褐色。复眼黑色，触角11节，丝状，灰褐色，端部黑色。鞘翅基半部黑色，上有2个淡色斑，斑前方缺刻较小，鞘翅端半部黄色。胸部腹面黑色，腹部腹面黄褐色，体毛灰白色，足黄褐色（图3-73）。

图3-73 双斑萤叶甲鞘有成虫

（2）卵。椭圆形，长0.6mm，初棕黄色，表面具近似正六角形的网状纹。

（3）幼虫。体长6~9mm，黄白色，表面具排列规则的毛瘤和刚毛。前胸背板骨化色深，腹部末端有铲形骨化板。老熟化蛹前，体粗而稍弯曲。

（4）蛹。纺锤形，长2.8~3.5mm，宽2mm，白色，表面具刚毛。触角向外侧伸出，向腹面弯转。

（三）发生规律

在北方1年发生1代，以卵在土壤中越冬。翌年5月越冬卵开始孵化，出现幼虫。幼虫有3龄，幼虫期约30天，在土壤中活动，取食植物根部。老熟幼虫在土壤中筑土室化蛹，蛹期7~10天。

成虫7月初开始出现，成虫期长达3个多月，一直延续至10

月。成虫通常先取食田边杂草，不久转移到玉米田、豆田或其他作物田间为害，7—8月为成虫为害盛期。成虫在白天活动，气温高于15℃时成虫活跃，能跳跃和短距离飞翔，有群集性、趋嫩性和弱趋光性。成虫羽化后20多天即行交尾产卵。卵产在表土缝隙中或植物叶片上，散产或几粒黏结在一起。每只雌虫每次产卵10～12粒。

高温干旱有利于双斑萤叶甲的发生。在19～30℃范围内，随温度的升高，发育速率加快。干旱年份降雨减少，发生加重，多雨年份发生较轻，暴雨更不利于该虫生存。农田生态条件对其也有明显影响，黏土地发虫早而重，壤土地、沙土地发虫则较轻。免耕田和杂草多、管理粗放的农田发生较重。

（四）防治方法

1. 农业防治

秋耕冬灌，清除田间地边杂草，减少双斑萤叶甲的越冬寄主植物，降低越冬基数；在玉米生长期合理施肥，提高植株的抗逆性；对双斑萤叶甲为害重的田块应及时补水、补肥，促进玉米的营养生长及生殖生长。

2. 人工防治

该虫有一定的迁飞性，可用捕虫网捕杀，降低虫口基数。

3. 生物防治

合理使用农药，保护利用天敌。双斑萤叶甲的天敌主要有瓢虫、蜘蛛、螳螂等。

4. 药剂防治

由于该虫越冬场所复杂，因此，在防治策略上坚持以"先治田外，后治田内"的原则防治成虫。6月下旬就应防治田边、地头、渠边等寄主植物上羽化出土成虫；7月下旬玉米抽雄前在玉米抽雄、吐丝前，百株双斑萤叶甲成虫口300头，或被害株率30%时进行防治。选用制剂用量5%氟虫腈悬浮剂8～10g/667m^2、25%噻虫嗪水分散粒剂2.0g/667m^{2}及生物制剂棉铃虫核型多角体病毒30.0g/667m^{2}对水喷雾都具有很好的防治效果，且前两种药剂持效期长，药后7天防效在90%以上，值得在生产上试验、推广应用。应统一防治双斑萤叶甲，早晨9：00之前、下午16：00以后为宜。

参考文献

安徽省农业委员会. 2016. 玉米生产技术[M]. 合肥：合肥工业大学出版社.

董继法，张庆利. 2016. 玉米高产高效生产技术[M]. 哈尔滨：东北林业大学出版社.

商鸿生，王凤葵. 2017. 图说玉米病虫害诊断与防治[M]. 北京：机械工业出版社.

商鸿生，王凤葵. 2015. 玉米病虫害诊断及防治图谱[M]. 北京：金盾出版社.

张永礼. 2016. 玉米病虫害绿色防治[M]. 长春：吉林人民出版社.